# 国家湿地公园控制性规划研究与实践

陈其兵 李 念 著

科学出版社
北 京

# 内 容 简 介

本书系统性地对国家湿地公园规划的控制性体系进行了构建，对体系中各大要素的控制内容从生态和游人使用的角度进行了定性和定量的分析，形成了控制和引导湿地公园规划的整体框架。

本书可供从事湿地公园规划、园林、风景资源管理专业的管理人员以及大专院校的师生等参考。

**图书在版编目(CIP)数据**

国家湿地公园控制性规划研究与实践 / 陈其兵，李念著. — 北京：科学出版社，2022.10

ISBN 978-7-03-073353-5

Ⅰ.①国… Ⅱ.①陈… ②李… Ⅲ.①沼泽化地-园林设计-研究-中国 Ⅳ.①TU986.2

中国版本图书馆 CIP 数据核字（2022）第 182321 号

责任编辑：武雯雯 / 责任校对：彭　映
责任印制：罗　科 / 封面设计：墨创文化

**科 学 出 版 社** 出版

北京东黄城根北街16 号
邮政编码：100717
http://www.sciencep.com

**成都锦瑞印刷有限责任公司** 印刷

科学出版社发行　各地新华书店经销

\*

2022 年 10 月第　一　版　　开本：787×1092 1/16
2022 年 10 月第一次印刷　　印张：12 1/2
字数：297 000

**定价：128.00 元**
（如有印装质量问题，我社负责调换）

# 前　言

　　建设生态文明，加大生态系统保护，是建设美丽中国、实现中华民族永续发展的千年大计。湿地与森林、海洋并称为地球三大生态系统，在涵养水源、调节气候、抵御洪水、防止土地沙漠化、减少环境污染、应对气候变化、维护全球碳循环、保护生物多样性等方面，都发挥着不可替代的重要作用。当前湿地面临生物多样性减退、湿地生态系统功能下降、湿地保护缺位、保护管理任务艰巨、湿地保护的长效机制尚未建立、缺乏科技支撑、湿地保护意识薄弱等一系列问题。"强化湿地保护和恢复"是党的"十九大"关于生态系统保护提出的新要求，湿地保护已成为我国生态文明建设的重大举措。国家湿地公园作为湿地保护体系的重要组成部分，其建设和管理已成为保护湿地和扩大湿地面积的有效措施，是实现湿地保护、生态恢复与湿地资源可持续利用的重要载体。

　　国家湿地公园建设方兴未艾，但由于我国湿地公园的发展仅有十余年，还处于摸索阶段，在其具体的发展和运行过程中，还存在诸多亟待研究的问题。近年来，国家湿地公园建设中自然资源保护与开发利用之间的矛盾日益加剧，"开发越快，破坏越严重"的现象越来越突出，湿地公园建设中规划科学性不够，以宏观的总体规划为主，实践上具体可操作的指导方法欠缺，详细规划阶段的控制工作目前尚未形成体系和统一的规范；在控规指标的规范和要求方面，科学依据支撑不足，规划执行不到位，管理混乱，未能协调解决好生态保护与开发利用的冲突问题，严重影响了湿地公园的健康发展。

　　基于此，本书立足建设美丽中国的宏观背景，在可持续发展理论、景观生态学、生态恢复学、环境承载力以及环境心理学等理论的指导下，运用案例比较分析、实地调查、统计分析、生物反馈测量法等多学科交叉研究方法，基于国家湿地公园的生态保护与恢复、科普宣传与教育示范，合理开发利用的建设目标，对国家湿地公园规划建设现状进行了全面系统的总结，在研究国内外湿地公园规划建设的基础上，构建了国家湿地公园控制性规划研究的理论分析框架和体系，提出了国家湿地公园控制性规划的总体思路、基本原则、构成要素、控制内容和控制要求，并应用在实践的个案设计中，验证其理论研究假设，在理论研究和实证研究的基础上，构建了国家湿地公园控制性规划导则。本书的主要探索性研究表现在：

　　一是系统性地构建了国家湿地公园规划的控制性体系和分析框架。本书综合运用生态学、心理学和社会学等多学科理论，在详细梳理国家湿地公园发展历程和发展态势，总结和借鉴相关规划体系、设计规范条例，比较分析国内外湿地公园建设经验与问题的基础上，提出了以国家湿地公园总规为指导，以用地控制、生态恢复规划控制、科普教育规划控制、行为活动控制、景观规划控制以及人工设施控制六大控制要素为核心的规划控制体系。并结合调查数据对各大要素中的具体内容做了定性和定量的分析，进一步形成控制和引导湿地公园的规划控制整体框架，为国家湿地公园相关设计规范的编制提供参考依据。

二是运用多学科理论，从游客心理和生理视角对规划做了实证分析。一方面，基于网络文本的分析，从游人使用的角度，对已建成的国家湿地公园进行了深入分析，明晰了游人对国家湿地公园的形象感知以及游人视角上国家湿地公园的规划建设问题，为日后国家湿地公园的良好运营提供了发展方向和建议。另一方面，对湿地景观做了详细的分析和探讨。总结湿地景观类型及其外表特征和组合形态结构特征，利用人体生理参数客观定量分析了景观环境特征对人的生理影响，为未来的景观设计，以及景观的多用途发挥提供了科学依据。

三是系统性地从化解生态保护与开发利用矛盾的视角构建了国家湿地公园规划控制导则。基于国家湿地公园规划的控制性体系研究和个案实践的分析，在对指标的控制数值进行量化测定、对控制程度进行引导衡定的基础上，提出了以规划控制具体目标、要求等为导向，瞄准六大控制要素的国家湿地公园规划控制导则，从而为规划实践提供了具有方向性和可操作性的参考。

本书得到四川省科技计划项目(2016HH0047)、四川省引智成果示范推广项目(20YZTG0068)资助，于李念博士论文基础上进一步扩展而成。

国家湿地公园的规划设计涉及的学科多、领域广，是一项系统性、多学科交叉的工程，而从规划到建设又是一个复杂和需要多方面协调和考虑的过程，加之目前国家湿地公园规划控制研究还处于探索之中，不少问题还需要进一步深入研究和探讨。

# 目　　录

# 第1章　绪　　论

## 1.1　研究背景

湿地是地球上重要的生命支持系统之一,对于我国国家生态安全和经济社会可持续发展具有不可替代的重要作用。

建设生态文明,加大生态系统保护,是建设美丽中国、实现中华民族永续发展的千年大计。湿地与森林、海洋并称为地球三大生态系统,在涵养水源、调节气候、抵御洪水、防止土地沙漠化、减少环境污染、应对气候变化、维护全球碳循环、保护生物多样性等方面,都发挥着不可替代的重要作用。据资料显示,全球湿地面积大约为 5.7 亿公顷,占到陆地面积的 6%。我国湿地面积约为 3848 万公顷,约占世界湿地面积的 7%,居世界第 4 位、亚洲第 1 位[1]。我国丰富的湿地资源,在维护国家生态安全、保护生态系统恢复、促进生物多样性、建设生态文明、实现可持续发展中作用巨大。据统计,我国可利用淡水资源的 96%是依靠湿地来维持的,其总量大约有 2.7 万亿吨。另外,大量的野生动植物也依靠湿地维持生存,湿地还为许多物种保存了基因特性,使许多野生生物在不受干扰的情况下安然生存和繁衍。湿地孕育着野生植物 2200 多种、野生动物 1770 多种,仅鸟类就达 271 种之多。湿地还是重要的"储碳库"和"吸碳器",据联合国政府间气候变化专门委员会估算,全球陆地生态系统中约储存了 2.48 万亿吨碳,其中占陆地面积不到 4%的泥炭湿地就储存了 5000 亿吨碳。我国沼泽湿地碳储量达到 47 亿吨,仅若尔盖高原湿地就有 19 亿吨[2]。强化湿地保护与恢复利用,对保障国家生态安全以及全球的生态安全,应对气候变化,实现可持续发展意义重大。

国家湿地公园是湿地保护体系的重要组成部分,是全面建成小康社会、建设生态文明和美丽中国的重要内容。

良好的生态环境是建设美丽中国的基础和前提。党的十九大把湿地的保护与恢复作为生态文明建设、大力保护生态系统的重大举措,这对我国湿地保护提出了更高的要求。当前,我国湿地保护面临诸多问题和挑战。由于污染、围垦等原因,出现湿地生态系统功能下降,湿地生物多样性正面临减退的严峻问题。据 2014 年发布的《第二次全国湿地资源调查结果》显示,仅从鸟类种类情况看,有超过一半的鸟类种群数量明显减少。另外,湿地保护也存在不少问题,空位缺位问题突出,湿地保护率提升空间较大。目前,国家重要湿地保护率仅为 66.52%,国家重点生态功能区湿地保护率仅为 51.52%;同时,在湿地候鸟迁飞路线、重要江河源头、生态脆弱区和敏感区等范围内的重要湿地,还未全部纳入保护体系中,湿地保护管理任重道远。湿地保护长效机制亟待健全,国家湿地保护法规还需要完善,湿地保护的科技支撑还需要不断开发,全社会的湿地保护意识有待进一步提高。国家湿地公园是湿地保护的综合载体,在湿地保护中发挥着重要作用。近年来,我国加快了湿地公园的建设与管理，全国已批准的国家湿地公园试点达 706 处，其中已通过验收并正式授予国家湿地公园正式称号的达 98 处，指定国际重要湿地 49 处[3]。在湿地保护体系中，国家湿地公园建设作为开展湿地保护与合理利用的有效方式，已成为全面保护湿地和扩大湿地面积的有效措施。通过建设国家湿地公园，可以保护湿地资源，改善民生，解决就业问题，提升百姓福祉，国家湿地公园建设是全面建成小康社会、建设生态文明和美丽中国的重要内容。

构建国家湿地公园控制体系，是推进国家湿地公园健康发展，保护与恢复好湿地的迫切方法。

国家湿地公园是保护湿地、恢复生态，实现湿地资源可持续利用的有机结合。目前，我国湿地公园发展迅速，仅 2016 年 6 月，国家林业局就公布了 66 处试点国家湿地公园通过验收，正式成为国家湿地公园。国家湿地公园建设方兴未艾，但是由于湿地公园是近十年才出现的事物，还处于摸索阶段，在其具体的建设发展以及运行过程中，还存在诸多亟待研究的问题，如国家湿地公园的总体布局应如何加强顶层设计，规划编制的方法、指标体系设计等如何更加科学，规划的内容如何能够有效执行等均需要在理论上深入研究，在实践中不断完善。近年来，国家湿地公园建设中，自然资源保护与开发利用之间的矛盾日益加剧，"开发越快，破坏越严重"的现象越来越突出，一些湿地公园建设，规划不合理，即使规划设计了，但在执行中也不到位，管理混乱。目前国家湿地公园只有总规，但总体规划更多是宏观性的规定和要求，在具体的规划建设中操作性和实践性不够，难以直接指导湿地公园的建设与管理工作。我国湿地公园的控规编制方法和指标体系相关依据不足，而城市控规的方法与程序主要是针对城市开发而制定的，难以体现湿地公园的特征。只有开发指标，没有保护指标，对于景观要素的控制也缺乏行之有效的办法，在指导实际建设中存在不少问题，严重影响了湿地公园的健康发展。因此，在当前国家湿地公园快速发展的关键时期，为确保其开发利用与生态保护的健康协调发展，科学构建国家湿地公园控制性规划显得尤为迫切和重要。

# 1.2 相关概念界定

## 1.2.1 湿地

"湿地"一词源自英文 wetland 的中文译解[4]。由于湿地环境的过渡性、生物群落的相兼性和所处自然条件的复杂性，湿地边界的划分有时非常困难，世界各国给湿地所下的定义多达 60 多种[5]。根据强调内容的不同，湿地的定义大致分为狭义和广义两种。

1. 狭义的定义

狭义的定义把湿地看作是陆地生态系统与水生生态系统的过渡地带（eotone）[6]，更多地强调湿地的生物、土壤和水文之间的彼此作用。美国、加拿大、英国、日本、中国等都对湿地进行了界定。

美国渔业和野生动物保护组织（Fish and Wildlife Service）1956 年出于科学研究和保护

候鸟及鱼类资源的考虑，对湿地进行了定义，其后，在 1979 年又对其进行了修改，认为湿地是处于陆地生态系统和水生生态系统之间的转换区，通常其地下水达到或者接近地表，或者处于浅水淹覆状态，湿地至少应具有以下三个特点之一：①至少是周期性地以水生植物生长为优势；②地表以排水不良的水成土为主；③土层为非土壤(nonsoil)，并且在每年生长季的部分时间被水浸或水淹，其中包括湖泊的低水位时水深在 2m 以内的地带[7]。

加拿大国家湿地工作组(National Wetland Working Group)于 1997 年将湿地定义为"被水淹或地下水位接近地表，或浸润时间足以促进湿成或水成过程并以水成土壤、水生植被和适应潮湿环境的生物活动为标志的土地。"

英国学者认为[8]，"湿地是受水浸润的地区，具有自由水面，常年积水或季节积水。自然湿地的主要控制因子是气候、地质、地貌条件，人工湿地还有其他控制因子。"

日本学者认为[9]，"湿地的主要特征首先是潮湿，其次是地面水位高，再次是至少一年中的某段时间里土壤处于饱和状态。土壤渍水导致特征植被发育。"

从中国对湿地的记载和描述来看，早在 2000 多年前湿地的概念就出现了，但系统地研究湿地则是始于 20 世纪 50 年代。国内学者对湿地较为通用的定义为，湿地是指陆地上常年或季节性积水(水深 2m 以内，积水达 4 个月以上)和过湿的土地及在其上生长、栖息的生物种群构成的独特生态系统[10]。

综上所述，从狭义的角度看，湿地是地球表层的一种水域和陆地之间过渡的地理综合体，湿地由生物、土壤、水文三大要素形成，它们之间互相关联且互相制约。我国学者定义的湿地枯水期水深超过 2m，水下或水面已无水生植物生长的明水面和大型江河的主河道则不算作湿地。狭义的湿地定义明确了湿地处于水陆过渡带的特殊地位，反映了湿地生境多样性的典型特征，有助于开展湿地保育和科研活动。但对湿地保护的整体性管理却存在很大限制，由于水域深度 2m 以内和 2m 以上区域是紧密联系的一个整体，人为地将其按照 2m 的等深线隔离开来，就会在管理上出现难以操作等问题，如控制水体污染、制定湿地恢复措施等。

2. 广义的定义

1971 年制定的《关于特别是水禽栖息地的国际重要湿地公约》(以下简称《湿地公约》)出于管理的目的扩大了湿地的区域范围。它采用了广义的湿地定义[11]："湿地是指不问其为天然或人工、长久或暂时之沼泽地、泥炭地或水域地带，带有或静止或流动、或为淡水、半咸水或咸水水体者，包括低潮时水深不超过 6m 的水域。"广义的定义没有界定湿地的科学概念与本质特征，只是告诉人们什么可以划入湿地。

广义的定义虽然有利于建立流域联系，阻止或控制流域的不同地段遭到人为破坏，但缺点在于降低了保护狭义湿地的意义。

## 1.2.2　国家湿地公园

国家林业局 2008 年发布的《国家湿地公园建设规范》中将国家湿地公园(National Wetland Park)界定为，经国家湿地主管部门批准建立的湿地公园，并对建设目标、设立的基本条件、具备的基础设施等进行了规范要求。其建设目标规定是在对湿地生态系统有效保护的基础上，示范湿地的保护与合理利用；开展科普宣传教育，提高公众生态环境保护意识；为公众提供体验自然、享受自然的休闲场所。其设立的基本条件包括：面积应在 $30hm^2$ 以上，湿地面积一般应占总面积的 60%以上；建筑设施、人文景观及整体风格应与湿地景观及周围的自然环境相协调；国家湿地公园中的湿地生态系统应具有一定的代表性，可以是受到人类活动影响的自然湿地或人工湿地；湿地生态需水应得到保证；湿地水质应符合《地表水环境质量标准》(GB 3838—2002)的要求。国家湿地公园还应具备一定的基础设施，可以开展湿地科普教育和生态环境保护宣传活动。应设有管理机构，区域内无土地权属争议。一般包括湿地保育区、湿地生态功能展示区、湿地体验区、服务管理区等区域。

湿地公园不同于森林公园，它是以湿地景观为主体，以湿地生态系统为主导。与其他的城市公园相比，湿地公园更加强调生态性，更注重生态的保护，并在生态保护中平衡利用，协调发展。城市湿地公园与国家湿地公园具有极大的相似性。两者除管辖单位不同以外，根据《城市湿地公园规划设计导则(试行)》中对于城市湿地公园的概念定义，城市湿地公园纳入了城市绿地系统规划，相对于国家湿地公园，城市湿地公园的休闲娱乐性更强，保护和教育性相对较弱。

综上，本书将国家湿地公园界定为，具有一定规模的湿地生态系统，湿地景观占公园的主体；注重湿地生态保护与恢复，强调生态的科教功能与展示，可为公众提供体验自然、享受自然的休闲场所。

### 1.2.3 控制性规划

目前具有控制性概念的规划是详细规划体系下的控制性详细规划。控制性详细规划最早是城市规划的一个层次，是 20 世纪 70 年代末 80 年代初，伴随着市场经济的发展和城市建设的迅猛发展而出现的。中国控制性详细规划的开河之作是 1982 年在黄富厢先生主持下上海市编制的虹桥开发区规划[12]。之后经过相关规划设计单位在广州、苏州、汕头、温州、南京、海口等地不断对控制性详细规划进行实践、推广和提升完善。1991 年建设部颁布实施了第 12 号部长令《城市规划编制办法》，明确了控规的编制内容和要求。1992年建设部又下发了《关于搞好规划，加强管理，正确引导城市土地出让和开发活动的通知》，对温州市编制控规引导城市土地出让转让的做法进行推广，1992 年年底又颁布实施了建设部令第 22 号《城市国有土地出让转让规划管理办法》，进一步明确出让城市国有土地使用权，出让前应当制定控规。确定了控规在土地市场化行为中的权威地位。1995 年建设部又制定了《城市规划编制办法实施细则》，进一步明确了控规的编制内容。

2005 年建设部发布的《城市规划编制办法》对编制城市控制性详细规划的要求是，应当依据已经依法批准的城市总体规划或分区规划，考虑相关专项规划的要求，对具体地块的土地利用和建设提出控制指标，作为建设主管部门(城乡规划主管部门)做出建设项目规划许可的依据。

借鉴城市控制性详细规划的定义，本书将国家湿地公园控制性规划界定为，基于国家湿地公园建设和管理的需要，以总体规划为依据，对湿地公园规划和建设内容制定相应的规划管理要求为任务，促进国家湿地公园有序建设和可持续发展的规划。

## 1.3　国内外研究现状

### 1.3.1　湿地公园研究

1. 国外研究进展

国外湿地的研究成果丰硕，但最早的研究见于欧洲对泥炭的研究和利用。在各国研究中，苏联是沼泽湿地研究起步较早的国家，在 20 世纪中叶，不论是在沼泽资源考察方面，还是在沼泽学理论方面，都处于世界领先地位。在此之后，1971 年苏联与英国、加拿大等 6 国在伊朗签署了《国家重要基地公约》(The Ramsar Convention)，湿地研究开始引起许多国家和地区的重视。国外湿地研究主要围绕退化湿地生态恢复与重建，湿地温室气体与全球环境变化，湿地评价、湿地开发、保护与管理等领域。

由于自然和人为原因，全球湿地退化问题比较突出，有学者对湿地的退化过程和机制进行了研究[13,14]，有学者研究了湿地退化的指标及指标体系的建立[15,16]。目前国际上以恢复生态学为理论基础，在考虑湿地生态系统的特点和功能的基础上，按照恢复生态学理论和方法进行湿地恢复与重建研究。最为成功的是美国和澳大利亚人工湿地构建及佛罗里达沼泽地退化湿地恢复与重建研究[17,18]。主要研究内容包括湿地生境恢复技术，湿地净化功能与环境容量研究，湿地营养负荷、循环过程、转化规律、迁移途径及其与水体富营养化的关系研究，湿地演替规律研究，不同干扰下湿地退化过程和机制，湿地退化景观诊断依据和评估指标体系以及湿地退化过程动态监测模拟与预报研究[19-21]。

湿地被认为是世界最重要的温室气体排放源，温室气体的研究经历了简单的温室气体排放规律及排放机理，短期到长期监测发展，孤立的排放研究到与环境因子关系发展，与全球环境变化反馈机理的转变。现今温室气体全球变化方面的研究主要集中在不同类型湿地温室气体通量、模型、机理，不同水平温室气体排放的气候效应研究[22]。

湿地生态系统健康方面，主要侧重湿地生态系统健康的概念、诊断指标，生态系统健康恢复、生态系统健康研究时间与空间尺度、湿地生态系统设计和健康的数量评价等领域。除湿地的自然属性外，社会经济指标也纳入了湿地健康研究范畴。

湿地评价主要包括湿地功能评价、生态系统健康评价、生态安全评价和环境影响评价等。美国在湿地水文地貌分类体系的基础上提出湿地功能评价方法和快速湿地功能评价方法[23,24]。湿地生态安全评价在技术方法上有了较大的发展，已由最初定性的简单描述发展为定量数字模型，由数学模型发展起来的生态模型有综合指数法、层次分析法、灰色关联法、BP 神经网络等。定量评价是决策者决策的有力依据，定量评价方法一直为研究的热点，对湿地功能价值则采用市场经济法对实物进行直接评估，用费用支出法、市场价值法、旅行费用法及条件价值法评价非实物价值，对湿地功能价值则采用市场价值法、机会成本法、影子工程法和替代花费等进行评估。

国外人工湿地也是湿地研究的主要内容，对湿地处理污水、雨水径流、改善水质的探讨较多[25-29]。另外，湿地的多样性也是研究的重点，包括生物多样性、景观多样性等[30,31]。

国外的湿地研究涉及面广，且成果丰富，由原来的整体生境研究深入到动物、植物、微生物等生物要素以及水体、土壤等非生物的单个要素的保护与监测。同时，国外相关研究已经开始从原来的强调保护与恢复向现在的管理与利用转变，对于利用湿地系统缓解城市环境问题的研究成为热点。关于湿地公园的研究，并未见其提出明确的湿地公园概念以及相关的专题研究体系。国外自 20 世纪 90 年代才提出湿地公园并兴建实施，相关研究主要聚焦于"国家公园中的自然人工湿地"（national park）以及依附于大学校园的"湿地研究科技园"[32]。

2. 国内研究进展

我国的湿地研究起步晚，与国际先进水平还有相当的差距。随着人类活动干扰程度的增大，湿地退化和消失的情况越来越严重。湿地公园是解决湿地保护与开发间矛盾的有效途径，它作为生态恢复与资源可持续利用的有机结合体，受到了广泛的关注，以湿地公园为研究对象的科研工作也迅速展开。2004 年，国务院办公厅下发《关于加强湿地保护管理的通知》标志着我国湿地公园正式开始试点起步。截至 2015 年年底，全国共有国际重要湿地 49 处，国家级湿地公园 705 处（其中 98 处为正式，其余为试点），湿地类型的自然保护区 602 处[33]。从发表论文的主题来看，湿地公园的研究内容主要以湿地生态系统及其包含的要素为研究载体，除此之外涉及较多的是规划设计，具体包括湿地公园规划设计、建设与管理、景观生态研究、湿地公园旅游、湿地公园保护与恢复、评价与评估等方面。其中以关于湿地公园规划设计和建设的研究发文数量最多。

黄成才和杨芳[34]等对湿地公园的规划原则、规划的主要内容做了探讨。湿地公园的生态规划设计研究最多[35-38]。除此之外，还有学者根据不同的湿地类别，以目的（如水资源保护、生物多样性保护等）为导向提出了规划方法[39-41]，以不同的理论为基础对湿地公园进行规划研究，如基于景观生态学理论、修复生态学、可持续发展理论等[42-44]。同时，湿地公园的专项规划设计的研究也有开展，以植物景观设计研究最多[45-47]，其他专项设计探讨有色彩应用[48]、标识系统设计[49]、建筑设计[50]、园林小品设计[51]、地域文化应用等[52-55]。

湿地公园的建设与管理的研究主要有建设和管理的问题及策略研究，建设规范的探讨[56-59]，以及湿地公园的建设模式，也有涉及湿地分类问题的研究[60,61]。

湿地公园的景观特征、景观演变及驱动机制[62-64]是景观生态研究的主要研究内容。湿地公园群落结构，多样性动态，景观廊道，景观安全性[65-68]等内容也有涉及。定量及动态变化研究一直是景观生态研究的薄弱部分，但随着 3S 技术（RS，GIS，GPS）等先进技术的出现，这方面的研究也逐渐发展起来，如章仲楚等[69]、张绪良和王树德[70]利用 RS 和 GIS 技术对湿地景观格局变化及环境效应进行了研究。

湿地旅游探讨得最多的是湿地资源保护与开发的问题，具体研究主题包括环境容量问题[71-75]，其他相关研究包括湿地公园旅游者行为研究[76]，旅游活动[77]、旅游设施[78,79]、旅游资源开发及模式研究[80,81]。

湿地公园的保护恢复的研究主要从湿地生态系统恢复[82-84]、生物与生境恢复[85,86]、基底恢复[87,88]、水文恢复[89]几个方面展开。对于湿地恢复的研究多表现为时间尺度大、分辨率低，在空间上宏观论述。湿地恢复与重建技术多采用见效快、作用期短的工程措施，而对于作用期长、效果稳定的生物恢复措施的研究多集中于定性研究，缺乏量化数据。

湿地公园的评价与评估主要有效益评价、生态系统功能评价、湿地环境影响评价、生态风险评价几个方面。唐铭[90]、石轲等[91]、骆林川等[92]对于湿地公园的评价体系进行了研究。湿地公园的效益评价从最初的生态效益评价[93,94]扩展到社会效益评价[95]。生态系统功能评价又包含了生态系统服务功能评价[96]、生态系统健康评价[97]、生态质量评价，如美学、生物多样性的评价等[98,99]。

综上所述，虽然我国的湿地公园研究在广度上和深度上都得到了发展，但仍存在不少问题需要进一步研究。如湿地公园的研究多停留在对个案的探讨上，未形成完整的系统理论体系。对于湿地公园的规划设计研究，提出了很多好的理念，但缺乏科学的实证检验。湿地生态旅游方面，以开发保护为主，缺乏对湿地生态旅游系统性的深入分析；关于湿地生态旅游环境影响机理、湿地生态旅游研究体系，湿地生态旅游资源和旅游产品的信息整合都有待深入。

### 1.3.2 湿地公园控制性规划研究

控制性规划研究的主体多为风景区、森林公园等。在风景区控制性规划研究方面，集中在控规概念、方法框架、技术规范、指标体系等方面[100-103]。另外，一些研究以不同旅游景区作为案例，以保护资源和生态环境为核心，从资源、活动、环境、设施等方面构建控制系统，提出旅游区控制的任务、控规要素、控制体系[104]和控制构架、控制指标体系[105]。还有的研究以游客行为角度为出发点，研究了游客行为导向下的风景区控规编制思路[106-108]。代秀龙[109]从风景区资源保护、游客需求以及公共利益维护等方面着手，对风景区控规的要素构成做了扩展和调整，强调对非建设用地进行保护控制，将控制要素划分为强制性和选择性，提出了面向规划管理的控制方法。

以湿地公园为对象的控制性规划研究主要集中在城市湿地公园控规方面，如高鹏飞和车晓敏[110]等对城市湿地公园的控制要素与指标体系构建进行了研究。尹燕妮[111]对影响城市湿地公园建设的关键控制因素进行了分析，从生态保护、景观建设、行为活动、人工设施等方面入手，提出了湿地保护控制、植被与动物保护控制、道路景观控制、建筑与人文景观控制、交通活动与分区控制、设施类型、设施尺度与布局控制，以及排水组织方式控制等十三个类型的控制指标，构建了城市湿地公园控制指标体系。

近年来，随着湿地公园建设的飞速发展，湿地公园控制性规划在一些地方的湿地公园规划实践中不断被应用，如《海南西海岸海尾湿地公园控制性详细规划》。尤其是在城市湿地公园的建设中，多地湿地公园控制性规划被广泛应用，但对于湿地公园控制性规划的编制还缺乏制度规范，相关指标依据不足，有待进一步发展完善。

# 1.4  研究目的及意义

## 1.4.1  研究目的

合理开发利用国家湿地公园，保护好生态，实现可持续发展，是当今国家湿地公园规划建设管理需要解决的重大课题。本书运用可持续发展理论、景观生态学理论、环境承载力理论等，从规划控制的角度，分析湿地公园规划实践现状，对湿地公园规划设计现存的问题和困境进行探讨。通过引入国家湿地公园控制性规划的研究，提出控制的目标、构成要素、构建控制体系，对控制内容做出要求和引导，为平衡湿地公园的保护和开发提供借鉴，也为湿地公园的资源分配和管理提供思路，以期规范国家湿地公园的建设和发展，为国家湿地公园生态功能和社会服务功能的更好发挥提供保障，为国家湿地公园的可持续发展提供支持。

## 1.4.2  理论意义

目前对于湿地公园规划的研究多集中于对个案的探讨上，或针对某一方面的内容进行论述，且多集中于对规划设计方法的研究，系统性的研究不够。对于控制性规划研究多以风景区、森林公园为对象，并集中于指标体系构建的探讨。湿地公园的控制性规划研究主要以个案为主，对象以城市湿地公园居多，以国家湿地公园为主要研究对象的系统性研究稀少，而以其为特定研究对象的控制性规划研究几乎为空白，对于相关指标的设立更是欠缺科学的探讨。本书从实现国家湿地公园规划建设的社会生态可持续的目标出发，运用可持续发展理论、景观生态学理论、环境承载力理论等，采取规范研究与实证研究的方法，探讨在生态保护下，以人为本的国家湿地公园规划方法与途径，研究提出的国家湿地公园规划控制目标、控规构成要素及控规体系等，对丰富国家湿地资源保护与利用的理论体系，完善国家湿地公园的规划层次，健全湿地公园规划的方法体系具有重要理论价值。

## 1.4.3  现实意义

国家湿地公园建设方兴未艾，还处于摸索阶段，在其具体的发展和运行过程中，存在诸多亟须研究的问题，在国家湿地公园设计实践中，总体规划因为其宏观性特征，难以直接指导湿地公园建设与管理工作。我国湿地公园的控规编制方法和指标体系相关依据不足，对于指导国家湿地公园的有效建设缺乏行之有效的办法，严重影响了湿地公园的健康发展。结合我国国情和国家湿地公园的具体情况，确定控制指标与方法，有利于协调生态保护与开发建设的矛盾，对后续国家湿地公园规划建设提供切实可行的方法指导，为其控规编制方法和指标体系提供相关依据，为今后国家湿地公园的规范化设计提供借鉴。

# 1.5　研究的内容、框架和方法

## 1.5.1　研究内容

在梳理国内外相关研究文献资料的基础上，结合实地调研，对国家湿地公园的规划与建设进行了系统的分析和研究，对国家湿地公园的控制体系、控制方法与途径进行了深入探讨。运用可持续发展、景观生态学、生态恢复以及环境心理等理论，采用文献资料法、比较分析法、案例研究法、实地调查法、定量与定性分析的方法，从规划控制方面，开展了以下研究。

（1）在明晰相关概念的基础上，通过对国内外研究文献的详细梳理，对国家湿地公园控制性规划研究的意义、目的、范围和方法做了探讨，并进一步提出了分析的框架。

（2）深度梳理了与本书密切相关的重要理论。通过对可持续发展理论、景观生态学理论、环境承载力理论等相关理论的梳理，分析了相关理论在国家湿地公园控制性规划研究中的作用和意义，为本书开展国家湿地公园的控制性规划研究奠定了理论基础。

（3）对国家湿地公园的规划和建设现状进行了全面分析。总结了其发展演进历程，研判了未来发展态势，并对其存在的问题进行了分析和探讨，提出了国家湿地公园规划和建设的目标任务和主要构成要素。

（4）对国家湿地公园控制性架构进行了研究。通过对城市控规和美国国家公园规划体系的比较分析，提出了国家湿地公园控制性规划的总体思路与基本原则。借鉴相关控规体系，结合国家湿地公园的具体情况，构建了包括用地控制、生态恢复规划控制、科普教育规划控制、行为活动控制、景观规划控制以及人工设施控制六类指标在内的国家湿地公园控制规划体系，为研究提供了理论分析的总体框架。

（5）对国家湿地公园的用地控制、生态恢复规划控制、科普教育规划控制、行为活动控制、景观规划控制以及人工设施控制展开了系统性、全方位的研究，综合运用理论分析、案例研究、实地调研、问卷调查、心理测验、生物反馈测量等多种方法，着重论述了各要素控制的理论和实践依据、控制的具体内容和控制要求。

（6）通过在四川新津白鹤滩国家湿地公园规划的具体实践操作中，检验本书提出的控制性规划研究的理论，并在理论和实践的基础上，提炼形成了国家湿地公园的控制性规划导则，得出了本书的主要结论，对研究不足之处进行了探讨，并提出下一步的研究方向。

## 1.5.2　研究框架

研究框架如图 1-1 所示。

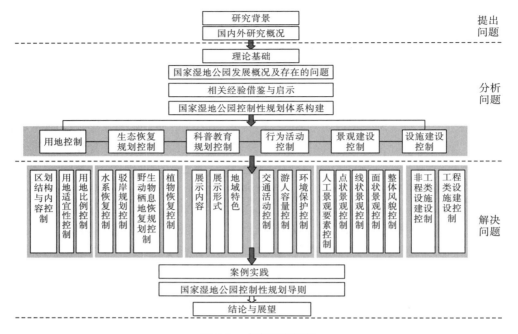

图 1-1　本书研究框架

## 1.5.3　研究方法

(1) 文献资料法。深入研究相关文献，形成概念、研究框架、研究机理的理论基础，文献资料主要包括国内外湿地与湿地公园建设、控制性规划与湿地公园规划、景观与湿地公园景观规划、湿地公园游客感知与行为等相关理论研究文献；国家政府相关部门关于湿地公园建设的相关法规政策文件、统计数据等。

(2) 比较分析法。本书中多处运用比较分析的方法。包括湿地公园建设现状国内外的比较分析，湿地公园规划国内外的比较研究，控制性规划研究方法、内容等的比较分析等。

(3) 案例研究法。通过对美国大沼泽湿地公园规划体系的典型案例分析，提炼总结如何构建我国国家湿地公园的控规；通过多个国家湿地公园的案例分析和归纳，完善国家湿地公园控制对策和方法。

(4) 实地调查法。通过对四川地区不同阶段(规划中、建设中，以及建成授牌)的国家湿地公园的实地踏勘，形成对国家湿地公园规划与建设现状的直观感受和理解。并对湿地公园的各规划和建设要素进行了实地调查和采样，包括照片采集、水样采集等。

(5) 问卷调查法。运用问卷调查法从游人感知的角度对国家湿地公园的规划和建设进行了探究分析，对公众对国家湿地公园的景观偏好度以及拥挤程度感知也进行了研究，为国家湿地公园相关控制内容的要求提供科学参考。

(6) 生物反馈测量法。人体生理的血压升降、心率快慢以及脑波值的变化反映了视觉信号对人体的刺激，基于此对国家湿地公园景观对人体的刺激和作用进行了量化研究，为相关控制内容的编制提供客观依据。

## 1.6　研究的创新

与当前国内同类研究综合比较，本书在研究思路、学科交叉、多个视角集成、系统性等方面独具特色，创新性、先进性集中体现在：

(1) 系统性地构建了国家湿地公园规划的控制性体系和分析框架。本书综合运用生态学、心理学和社会学等多学科理论，在详细梳理国家湿地公园发展历程，总结和借鉴相关规划体系、设计规范条例，比较分析国内外湿地公园建设经验与问题的基础上，提出了以国家湿地公园总规为指导，以包括用地控制、生态恢复规划控制、科普教育规划控制、行为活动控制、景观规划控制以及人工设施控制在内的六大控制要素为核心的规划控制体系。并结合调查数据对各大要素中的具体内容做了定性和定量的分析，进一步形成了控制和引导湿地公园的规划控制整体框架，为国家湿地公园相关设计规范的编制提供了参考。

(2) 创新性地运用多学科理论，从游客心理和生理视角对规划做了实证分析。一方面，基于网络文本的分析，从游人使用的角度，对已建成的国家湿地公园进行了深入分析，明晰了游人对国家湿地公园的形象感知以及游人视角上国家湿地公园的规划建设问题，为日后国家湿地公园的良好运营提供了发展方向和建议。另一方面，对湿地景点景观做了详细的分析和探讨。总结湿地景观类型及其外表特征和组合形态结构特征，利用人体生理参数客观定量分析了景观环境特征对人生理的影响，为未来的景观设计，以及景观的多用途发挥提供了科学依据。

(3) 系统性地从化解生态保护与开发利用矛盾的视角构建了国家湿地公园规划控制导则。基于国家湿地公园规划的控制性体系分析，在对指标的控制数值进行量化测定，对控制程度进行引导衡定的基础上，提出了以规划控制具体目标、要求等为导向，瞄准六大控制要素的国家湿地公园规划控制导则，从而为规划实践提供了具有方向性和可操作性的参考。

# 第 2 章　国家湿地公园控规相关理论研究

## 2.1　可持续发展理论

### 2.1.1　可持续发展理论的内涵

可持续发展一词产生于世界自然保护联盟在 1980 年 3 月 5 日所发表的《世界自然资源保护大纲》，其阐述了经济社会发展和生态环境保护两手都要抓两手都要硬的思想[112]，强调了在自然资源开发利用过程中要注重可持续地开发与利用。1987 年，世界环境与发展委员会主席布伦兰特夫人在《我们共同的未来》这一报告中正式将"可持续发展"定义为，既满足当代人的需求，又不对后代满足其需要的能力构成危害的发展[113,114]。这一定义中重点强调了"需要"这一概念，"需要"要立足于全人类的角度来考虑，一方面是要考虑不同地区的人的不同需要，另一方面是既要考虑当代人的需要也要考虑下一代人的需要。"需要"的满足一是要对现有的自然资源基础合理使用并加以维护，同时要尽可能扩大和提高自然资源基础；其次是要在各类发展规划中把对环境因素的考量纳入进来；最后是要鼓励各类对资源环境有利的社会经济活动。

此后，随着学界和各类社会组织对可持续发展的关注不断增加，可持续发展理论得到不断的发展和丰富，其表达的内涵也不断扩大。总的来看，可持续发展理论的核心内涵在于发展的可持续性、人与人关系的公平性、人与自然的协调共生和生态文明四个方面。发展的可持续性强调人类社会经济发展必须受到控制，而控制的标准则是经济社会发展必须处在资源环境所能承受的范围之内。人与人之间关系的公平性则强调当代人在发展过程中对于资源环境的消费要有所克制，应当给后代人留下同样的发展机会，同时值得注意的是，同一代人在发展之中也要注意资源的均衡分配与合理利用。人与自然协调共生强调的是人类在发展过程中要树立起新的价值判断标准与道德观念，应当学会保护自然、尊重自然并与自然和谐地相处，而不可对自然资源过度挥霍与破坏。生态文明则是可持续发展最终的目标，人类在发展过程中应当以一种文明的姿态对自然资源进行开发利用，遵循人、自然、社会和谐发展的客观规律，更加注重经济社会的可持续发展。

总的来看，可持续发展理论的核心目标是要实现人类社会与自然生态的协调发展和可持续。主要实现路径是通过综合协调，使得人类社会的发展一是在区域之间能够实现公平发展，即不同区域能实现资源的协调利用；二是在代与代之间能够实现公平发展，即当代人对于资源环境的利用不影响后人的发展。

### 2.1.2　可持续发展理论的指导意义

可持续发展理论对于国家湿地公园规划研究具有四个方面的重要指导意义。首先，国家湿地公园建设是一个长期过程，在规划中要立足高远，充分考虑发展的可持续性。不仅要考虑目前的情形，同时还必须充分考虑到未来的情况，要把当前的建设与未来的发展紧密结合，不可只顾眼前发展而不顾长远利益。其次，人与人关系的公平性是国家湿地公园控制性详规中必须引起重视的内容。湿地资源是属于全人类的共同财产，既属于当代人也属于后代人，国家湿地公园控制性详规不可只考虑湿地资源所在地区的利益，而是要将其放进整个生态系统和整个人类社会来进行相关规划。再次，国家湿地公园控制性详规要做到人与自然的协调共生。将湿地生态系统保护与社会经济发展相结合，把国家湿地公园规划与其他规划相统一，做到协调和有序。最后，实现生态文明是国家湿地公园控制性详规的目标，要科学保护和恢复湿地生态系统，构建人与湿地生态系统的和谐关系，为构建生态文明社会提供持久动力与物质基础。

## 2.2　环境承载力理论

### 2.2.1　环境承载力理论的内涵

环境承载力理论是湿地规划研究的重要理论基础之一。环境承载力的理念最早于 19 世纪 80 年代末开始产生，当时这一理念被用于牧场的管理之中，用来表示牧场生态系统所能够支撑的最大畜牧数；此后，单个要素的承载力研究(如土地承载力、水承载力、环境容量研究)逐渐兴起。而环境承载力理论与方法体系直到 20 世纪 80 年代末曾维华等第一次系统提出了环境承载力的概念及其表征方法时才得以产生[115]。

环境承载力一般指的是"在一定时期与一定范围内，以及一定自然环境条件下，在维持环境系统结构不发生质的改变，环境功能不遭受破坏的前提下，环境系统所能承受的人类活动的阈值[116]"。在国家湿地公园规划建设过程中，必须对其环境承载力有充分的了解才能科学有效地规划和确定国家湿地公园的开发建设强度[117]。

湿地的环境承载力主要包括生态承载力、设施承载力和社会承载力三个方面，三者既相互区别又相互联系。生态承载力一般指在一个时期内一片区域所能承受的不破坏其生态环境的人类活动容纳量，即人类活动所产生的污染能被其原有环境完全吸收而不造成新的污染的人类活动容纳量。设施承载力主要指一个区域在一定时间内其服务设施供给所能提供的最大服务量，如机动车停车位、酒店床位等，综合来看设施承载力的大小由设施的数量和服务效率决定。社会承载力则是一种基于道德、文化、习俗等社会规范而来的一种度量。一般来讲在湿地公园规划研究中所涉及的社会承载力包括旅游感知承载力和社会文化承载力两个方面。旅游感知承载力表示的是一个空间范围内所能承载的不令游客产生拥挤感的最大游客容量，其主要受游客心理因素影响。社会文化承载力则是社会承载力的主要内容，其表示的是一个地区对于由旅游等行为带来的不同文化的包容、接受和消纳能力，当社会文化承载负荷超标时，就会出现居民生活质量下降、游客游览体验降低的情形。

### 2.2.2　环境承载力理论的指导意义

环境承载力理论强调以环境承载力的大小和变化趋势为标准，判断区域的社会经济活动与环境是否协调。这对于国家湿地公园控制性详细规划研究具有重要指导意义。在国家湿地公园控制性详细规划编制过程中需对湿地的环境承载力尤其是生态承载力、设施承载力和社会承载力进行充分的考虑。

国家湿地公园规划过程中应首先核算湿地公园的生态承载力，以此明确国家湿地公园在所能承载的不破坏其环境的最大人类活动量，并凭此基于生态承载力进行控制性规划，使得国家湿地公园控制性详规成为维护国家湿地公园生态平衡的重要手段。基于生态承载力可知国家湿地公园的最大游客容纳量，以此为依据可控制设施承载力，引导国家湿地公园进行科学合理高效的设施建设。而基于社会承载力的控制性内容则是国家湿地公园控制性详规中的重要内容。一是在控制性规划中要将游客心理因素充分考虑进来，对游客规模进行合理控制，提高正向的游客心理感知；二是合理评估游客涌入对当地文化与居民心理感知的冲击感知，在规划中合理控制科学引导，实现居民生活质量不下降和提高游客游览体验的目标。

## 2.3　景观生态学理论

### 2.3.1　景观生态学理论的内涵

景观生态学是一门新兴学科，其起源于景观学和生态学。20 世纪 30 年代，德国区域地理学家特罗尔在对东非土地问题进行研究时认识到景观学和生态学各自的局限性，第一次提出了"景观生态学"一词[118]。到 20 世纪 80 年代，随着"国际景观生态学"协会在捷克成立和以"斑块-廊道-基质"模式的提出为标志的美国景观生态学派崛起，景观生态学基础理论体系基本建立，学科得到全面发展。20 世纪 90 年代至今，随着全球气候的变化以及其他环境问题的日益突出，景观生态学研究方法与理论在强劲的社会需求下得到极大丰富与蓬勃发展，地理信息系统和空间定量方法在景观生态学领域得到了极大的利用，统一的概念框架与理论体系也在逐步建立。中国景观生态学相关研究起步相对较晚，20 世纪 90 年代以前仅有少量对国外相关文献的介绍。1990 年 Forman 等编著的《景观生态学》一书被肖笃宁等翻译为中文后景观生态学研究在中国开始蓬勃发展，一大批学者投入对景观生态学的研究之中。2011 年第 8 届国际景观生态学大会于北京召开，国内学者关于景观生态学核心概念和理论框架的共识逐渐达成，中国景观生态学迎来了一个大发展的时代，中国景观生态学流派逐渐形成[119]。

当前，在大范围的资源环境问题研究之中，景观生态学被认为是能提供科学基础的理论。空间格局、生态过程、尺度三者之间的相互作用机理是景观生态学理论研究的核心，景观结构、景观功能和景观动态是研究的主要对象与内容[120]。首先景观生态学理论强调要使用综合的思想与方法来分析和解决问题。在分析问题的过程中，景观生态学理论认为大到全球生态系统,小到一个区域系统,都是一个有机结合的整体,要融合各个学科的思想与方法进行分析,而不可将其割裂开来。其次,景观生态学理论分析问题的核心思想是关注"格局-过程-尺度"之间的相互关系。不仅要注意景观要素的组成部分,更重要的是关注景观的空间配置,明确景观在不同空间配置条件下和不同要素组成情况下对生态系统的影响路径和影响程度有何不同。大空间幅度的研究对象是景观生态学的主要研究对象。与传统的生态学研究相比,景观生态学理论更适合于空间幅度较大的研究对象,如国家公园、国家湿地公园、国家自然保护区等;景观生态学理论能更好地解释这些空间尺度下的空间异质性及其过程的相互作用。最后,景观生态学强调不可把人类活动与景观和生态变化割裂开来,要注重人类活动对景观格局、过程以及变化的影响。人类一方面是部分景观格局的重要组成部分;另一方面人类活动对全球变化具有深远影响,在分析景观格局动态变化时,如果忽略了人类活动,就不能动态地反映多种自然和人为因素对景观格局的综合作用。

### 2.3.2　景观生态学理论的指导意义

景观生态学理论对于国家湿地公园控制性详细规划具有重要指导意义。首先,国家湿地公园控制性详规是针对一块湿地的整体性的规划,其规划控制要考量多方面的因素,使用综合的思想与方法来分析,务必将其作为一个有机结合的整体来布局,而不可将其割裂。其次,对于国家湿地公园内的各要素,在规划过程中不仅要重视要素的组成,更要关注不同要素的空间配置。需充分考虑要素在不同空间配置下的景观格局,以及要素于不同空间配置下所产生的动态变化及其变化路径与影响。此外,国家湿地公园作为一个空间大幅度的研究对象,将景观生态学理论引入国家湿地公园控制性详规能明确其过程与空间异质性的相互作用。最后,湿地资源被破坏的主要原因在于无节制的人类活动,基于景观生态学理论可以系统分析人类活动对于景观格局的综合作用,为国家湿地公园控制性详细规划有效控制和引导人类活动提供依据与路径。基于此,本书运用景观生态学理论中关于景观结构、景观功能、景观动态的相关理论,研究国家湿地公园控制性详规中涉及景观规划控制和用地规划控制的问题。

## 2.4　恢复生态学理论

### 2.4.1　恢复生态学理论的内涵

恢复生态学是生态学的一个分支,其发展于 20 世纪 80 年代,恢复和重建因自然和人为因素引起的自然生态系统损害是其主要研究内容[121]。恢复生态学理念起源于古代农业文明时期,轮作、休耕和轮牧等耕牧方法就是这一理念的原始实践。20 世纪初,随着欧洲各国先后开展对草地和森林资源的保护性开发利用,恢复生态学的科学实践逐渐开始。20 世纪 50~60 年代,在全球范围的过度资源开发引起生态危机的背景下,北美和欧洲地区开始探索矿山修复、植被恢复和水土流失治理等生态工程。此后,随着人类活动对生态环境破坏的加剧，以生态恢复为目的的工程管理技术逐渐开始大规模地应用。基于悠久而丰富的实践背景，20 世纪 80 年代生态恢复学理论体系于欧美逐渐发展起来。Cairns 于 1980 年所出版的专著《受损生态系统的恢复过程》第一次提出了生态系统受损后恢复过程中的重要理论基础与实践[122]。1985 年，Aber 第一次提出了"恢复生态学"这一术语，并首次提出了关于湿地生态恢复的理论。进入 21 世纪以来，恢复生态学理论得到了更好的进步与发展，2003 年"第 15 届国际恢复生态学大会"于美国召开，其主题为"生态恢复、设计与景观生态学"，此次会议明确了恢复生态学属于设计领域，其研究的是人类有意识改变自然景观的行为，但其设计基于生态学原理，又与传统的建筑设计与景观设计相区别。在此基础上，大批学者又将人类可持续发展问题、全球气候变化等纳入恢复生态学的理论体系之中，恢复生态学理论框架得到极大完善。

恢复生态学理论所关注的核心问题是人类如何对自然施加人为影响以修复损害，并在修复损害过程中对原有健康生态系统不造成负面影响。这体现出恢复生态学理论是基础理论与技术体系的一个有机结合体。生态恢复是恢复生态学理论的最终目标，其实质是将被破坏的生态系统恢复到过去的某一时点的状态，生态恢复目标是否实现可由以下标准判断[123]。

（1）所恢复生态系统是否与原生态系统相似，群落结构是否合理，是否具有适合的物种集合。

（2）所恢复生态系统的物种组成是否在最大程度实现由当地物种构成。

（3）所恢复生态系统是否具有稳定且可持续发展的所有功能群。

（4）所恢复生态系统是否具有稳定的物理环境以支持其种群繁衍和稳定发展。

（5）所恢复生态系统各项功能是否稳定和正常。

（6）所恢复生态系统是否能稳定和谐地融入周边生态场，其景观是否和谐。

（7）所恢复生态系统附近是否具有影响生态系统健康运行的风险因子存在。

（8）所恢复生态系统是否具有稳定的恢复能力以应对正常的环境胁迫。

（9）所恢复生态系统是否具有稳定的自我维持能力，并拥有在当前条件下永远存在的潜力。

## 2.4.2　恢复生态学理论的指导意义

国家湿地公园控制性详规中生态恢复规划控制是重要内容，主要包括水体恢复、植物恢复和栖息地恢复三个组成部分，国家湿地公园控制性详规指明了生态恢复的具体方向。

（1）国家湿地公园控制性详规要对恢复生态系统进行引导，水体恢复、植物恢复和栖息地恢复同步协调进行，恢复效果要做到与原生态系统高度相似，并且具有合理的生物群落结构和适合的物种集合。

（2）植物恢复和栖息地恢复中要做到物种组成在最大程度上由当地物种构成，尽量不引进非当地物种，以避免出现生物入侵的现象。

（3）水体恢复、植物恢复和栖息地恢复要以具有稳定且可持续发展的所有功能群为目标。

(4)要为植物恢复和栖息地恢复提供足够的物理条件以支持其种群繁衍和进一步良性发展。

(5)水体恢复、植物恢复和栖息地恢复要以恢复其生态系统各项功能的稳定和正常为目标，只有功能性的恢复才是有效的恢复。

(6)生态系统恢复中要充分考虑其是否能稳定和谐地融入周边生态场，尽量通过控制性规划引导恢复生态系统景观与原生态系统景观的融入。

(7)最大限度地清除恢复生态系统周边影响生态系统健康运行的风险因子。

(8)提升所恢复生态系统稳定应对正常的环境胁迫的恢复能力。

(9)提升恢复生态系统的自我维持能力，使其拥有在当前条件下永远存在的潜力。

## 2.5　环境心理学

### 2.5.1　环境心理学理论的内涵

环境心理学又被称作生态心理学或人类生态学，其主要关注环境与人类行为和人类心理之间的关系与作用路径。环境心理学一词最早由布雷斯威克在 1943 年构建的"布雷斯威克透镜"模型中提出，其意识到了个体主观能动性在环境的知觉中具有重要作用。此后环境心理学在欧美取得了巨大进展，至 20 世纪 80 年代，其已经发展成了一个固定的研究领域。目前环境心理学的研究体现在各种环境因子对人，以及人的行为对于环境的影响和改变，着力研究通过塑造环境使人的心理和行为活动产生变化并起到引导的作用[124]。当前环境心理学研究的核心在于人与环境之间的关系，一般倾向于不做具有局限性的个体研究，而是在区域性社会组织和文化水平上考虑人与环境的互动，将人们的心理需求体现于空间环境设计中，达到改善物质环境提高人的生活质量的目的，把人和自然作为统一整体。

心理物理学是实验心理学的分支，其起源于 20 世纪 60 年代末，并在 70 年代中后期得到较大发展。心理物理学认为景观与基于景观的审美之间存在"刺激—反应"的关系，并致力于通过各种手段量化人对景观的审美反应，以此来得出审美结果与景观客体元素之间的函数关系[125]。美景度评价(scenic beauty estimation，SBE)法和比较评判(law of comparative judgement，LCJ)法是现今公认的比较好的两种方法。

在人类的感觉当中，视觉感知最为重要，其来源于光对人眼的刺激，外界光线聚焦在视网膜上，视网膜感受光照，并将辐射能转变为电信号，通过视觉通道传到大脑皮层进行处理，并最终使人得以感知场景。作为人类获取外界信息最常用的器官，视觉系统提供了人类 70%的信息。人对外界事物做出反应的第一步源于视觉传达到大脑，再由大脑通过人体对外界事物的反应过程，再通过感知与认知的过程对外界事物进行加工，进而做出相应的判断与行为[126]。

## 2.5.2  环境心理学理论的指导意义

本书基于环境心理学理论运用心理物理学与视觉感知原理,研究湿地公园规划设计中不同的景观视觉对于游客的不同生理影响,对于国家湿地公园控制性详规具有重要意义。在国家湿地公园控制性详规中,应基于游客的不同生理反应合理布局和科学设置不同的景观形态,以实现提高游客游览体验、国家湿地公园功能最大化的目标。

# 第 3 章　国家湿地公园规划与建设现状分析

随着经济的发展和社会的不断进步，人类活动对湿地资源造成了一系列的不良影响。1971 年，随着《湿地公约》的缔结，公众对于湿地重要性的了解逐渐加深，湿地生态的保护也引起了社会各界的广泛关注。

我国拥有丰富的湿地资源，2013 年的第二次全国湿地资源调查[127]结果显示，2013 年我国湿地总面积约为 5360.26 万 $hm^2$，仅次于加拿大、美国和俄罗斯，我国完整齐备地拥有《湿地公约》所划分的 40 种湿地类型。但由于 20 世纪以来社会经济的不断进步，人类活动对于我国湿地资源的影响也越来越大，湿地受到威胁的趋势也越来越严重。数据显示，我国的淡水湖泊面积从 1950 年到 1980 年下降了 10%，红树林湿地面积更是在最近 40 年间下降了 75%[128]。而从全球视角看，全球湿地有 40% 受到了较为严重的威胁，湿地资源的保护面临着严峻的形势。

为抢救湿地，国务院下达了《关于加强湿地保护管理的通知》(国办发〔2004〕50 号)，提出：在不具备建立自然保护区条件的湿地区域，也要因地制宜，采取建立湿地公园等多种形式加强保护管理、扩大湿地面积、提高保护成效。就此我国逐渐形成了湿地自然保护区、保护小区以及湿地公园的国家湿地保护体系，该通知也为湿地公园的建设目标和原则定下了基调。

## 3.1　国家湿地公园概况与发展演进

### 3.1.1　概况

1. 空间分布

我国国家湿地公园空间分布广泛，截至 2015 年年底，全国 31 个省(区、市)(港澳台除外)均开展了湿地公园建设活动，国家湿地公园建设数量最多的湖南省，有 60 处(表 3-1)。从国家湿地公园的分布来看，我国国家湿地公园的空间分布属于凝聚型[129]，东部地区湿地公园建设活动密集，而在湿地资源分布丰富的青海省、西藏和内蒙古自治区，国家湿地公园数量却较少。但研究表明，国家湿地公园的数量与分布并未显示出与区域经济发展水平相一致的状况，东部地区虽经济发达，交通可接近性好，但湿地退缩与破坏状况较严重，适宜建设国家湿地公园的湿地相对较少，表明了国家湿地公园在空间分布上的不均衡性。

表 3-1   中国省级行政区国家湿地公园数量及总面积

| 省(区、市) | 国家湿地公园<br>数量排名 | 国家湿地公园<br>数量/个 | 总面积/hm² | 湿地资源面积/hm² |
|---|---|---|---|---|
| 湖南 | 1 | 60 | 242923 | 1019700 |
| 山东 | 2 | 59 | 108942 | 1737500 |
| 湖北 | 3 | 57 | 177295 | 1445000 |
| 黑龙江 | 4 | 51 | 163736 | 5143300 |
| 新疆 | 5 | 42 | 896217 | 3948200 |
| 内蒙古 | 6 | 36 | 255276 | 6010600 |
| 贵州 | 7 | 36 | 58015 | 209700 |
| 陕西 | 8 | 31 | 47039 | 308500 |
| 河南 | 9 | 29 | 77243 | 627900 |
| 江西 | 10 | 28 | 104914 | 910100 |
| 四川 | 11 | 24 | 71094 | 1747800 |
| 江苏 | 12 | 23 | 23467 | 2822800 |
| 吉林 | 13 | 21 | 54501 | 997600 |
| 重庆 | 14 | 20 | 22434 | 207200 |
| 安徽 | 15 | 19 | 70266 | 1041800 |
| 河北 | 16 | 17 | 43345 | 941900 |
| 广西 | 17 | 17 | 26863 | 754300 |
| 山西 | 18 | 15 | 21755 | 151900 |
| 青海 | 19 | 15 | 304171 | 8143600 |
| 辽宁 | 20 | 15 | 32661 | 1394800 |
| 广东 | 21 | 15 | 42339 | 1753400 |
| 西藏 | 22 | 14 | 235643 | 652900 |
| 宁夏 | 23 | 13 | 30150 | 207200 |
| 云南 | 24 | 12 | 52702 | 563500 |
| 浙江 | 25 | 10 | 29330 | 1110100 |
| 甘肃 | 26 | 10 | 21342 | 1693900 |
| 福建 | 27 | 7 | 6758 | 871000 |
| 北京 | 28 | 3 | 5600 | 48100 |
| 天津 | 29 | 2 | 5831 | 295600 |
| 上海 | 30 | 2 | 470 | 464600 |
| 海南 | 31 | 2 | 1164 | 320000 |
| 合计 | | 705 | 3233486 | 53420600 |

注：根据相关资料改制[130]。

2. 数量面积

国家湿地公园数量增长较快。自 2005 年 2 月国家林业局批准了第一批国家湿地公园（试点）以来，国家湿地公园作为一种新的湿地保护形式，发展速度逐步加快。每年新增国家湿地公园数量由 2005 年的 2 个发展到 2015 年的 136 个，充分显示了国家湿地公园建设在此十年间取得了显著的成效（图 3-1）。

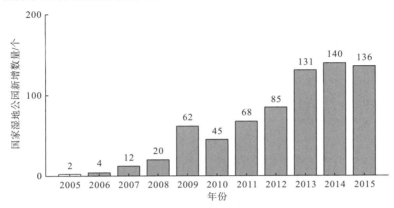

图 3-1　2005～2015 年国家湿地公园年度新增数量

各个国家湿地公园面积差异显著。通过对我国 2015 年及此前已经获得授牌的 95 个国家湿地公园面积进行统计可看出，我国国家湿地公园在面积上差异显著，95 个国家湿地公园中面积最小的是重庆彩云湖国家湿地公园，其面积仅为 83hm²，最大的则是西藏的当惹雍错国家湿地公园，公园面积为 138174hm²。按照公园的面积可将国家湿地公园分为超大型、大型、中型以及小型（表 3-2）。截至 2015 年，批准的国家湿地公园中面积小于 10000hm² 的居多。在已获批的国家湿地公园中，除 2010 年前所批准的 11 个国家湿地公园外，其余湿地率都在 30% 以上。湿地率为 30%～60% 的有 257 个，大于等于 60% 的有 437 个[131]。

表 3-2　国家湿地公园规模

| 项目 | 小型 | 中型 | 大型 | 超大型 |
|---|---|---|---|---|
| 公园面积/hm² | <1000 | 1000～10000 | 10000～30000 | ≥30000 |
| 数量/个 | 249 | 401 | 38 | 17 |

按照《湿地分类》（GB/T 24708—2009）国家标准，将全国湿地类型分为近海与海岸、河流、湖泊、沼泽和人工湿地五类。参照此标准，将截至 2015 年年底获批的 705 个国家湿地公园，按照公园内湿地类型进行划分。

1）近海与海岸型

第二次全国湿地资源调查数据表明，在我国的湿地资源之中，近海与海岸湿地约为579.59 万 hm²，占全国自然湿地面积的 12.42%。

截至 2015 年年底，全国已建近海与海岸类型国家湿地公园 20 个，面积约为 4.0 万 hm²，占国家湿地公园总数量的 3%。

2）河流型

我国大量河流分布于东部季风区，据第二次全国湿地资源调查，全国河流湿地面积约为 1055.21 万 hm²，占全国自然湿地面积的 22.61%。

截至 2015 年年底，河流型国家湿地公园（试点）有 316 个，面积约为 94.5 万 hm²，占获批国家湿地公园总数量的 44%。

3）湖泊型

我国湖泊湿地数量巨大，多分布于我国的平原和高原地区。据全国第二次湿地资源调查数据，全国湖泊湿地面积约为 895.38 万 hm²，占全国自然湿地总面积的 18.41%。

截至 2015 年年底，湖泊型国家湿地公园（试点）有 124 个，面积约为 104.4 万 hm²，占获批总数量的 18%。

4）沼泽型

沼泽型湿地主要集中分布于我国的东北、西北、西南地区，在全国各地的滨河、滨湖、滨海地区也有零星分布发育。全国沼泽湿地面积约为 2173.29 万 hm²，占全国自然湿地面积的 46.56%。

截至 2015 年年底，沼泽型国家湿地公园（试点）有 77 个，面积约为 65.9 万 hm²，占国家湿地公园总数量的 11%。

5）库塘型（人工湿地）

我国库塘湿地面积约为 674.59 万 hm²，其在我国分布广泛，东北、西南以及长江黄河中上游皆有分布，面积占到全国湿地面积的 12.63%。

截至 2015 年年底，库塘型（人工湿地）国家湿地公园（试点）有 168 个，面积约为 50.7 万 hm²，占国家湿地公园总数量的 24%。

由图 3-2 可知，从湿地资源来看，沼泽型自然湿地所占比例最大，其他四种湿地资源类型所占比例相对平均。但在国家湿地公园的建设中，情况相对不同。河流型国家湿地公园的数量最多，占国家湿地公园总数量的 44%；近海与海岸型最少，仅有 3%。从国家湿地公园的面积比例来看，湖泊和河流型国家湿地公园所占面积最多。湿地资源数量和国家湿地公园的建设也存在不均衡的现象。

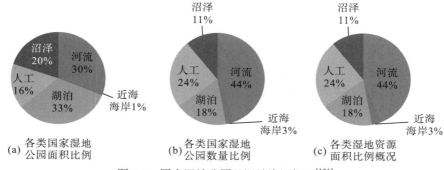

图 3-2　国家湿地公园及湿地资源概况[131]

### 3.1.2　发展演进

1992 年我国加入《湿地公约》，湿地保护工作进入了一个新时期。以转折性事件及具有重要意义的公文发布等为标志，我国国家湿地公园的发展可分为三个阶段：起步阶段、快速发展阶段和规范化发展阶段。

1. 起步阶段（2004～2006 年）

新中国成立以来，由于对湿地资源宝贵价值与作用的不了解，我国各地出现了大量破坏湿地的生产行为，导致湿地资源遭到严重破坏，质量不断下降，数量不断减少。2004年，为了遏制我国湿地资源数量减少、质量下降的趋势，国务院办公厅下发了《关于加强湿地保护管理的通知》（国办发〔2004〕50 号），该通知的下发是我国国家湿地公园建设的起步标志。其后，国家林业局于 2005 年正式下发了《关于做好湿地公园发展建设工作的通知》（林护发〔2005〕118 号），同年，国家林业局批准了我国首批两个试点国家湿地公园。这也标志着湿地公园的行政管理职能部门开始分化，国家湿地公园划归国家林业局主管，而国家城市湿地公园划归住建部进行管辖。

这一阶段我国国家湿地公园建设是为了对已经遭受巨大破坏的湿地资源进行抢救性保护，其主要注重的是不断扩大湿地保护的数量，而采用的主要方式方法就是在湿地生态系统遭受严重破坏的区域建立一大批各种等级的湿地自然保护区。通过这一时期对湿地的抢救性保护，我国国家湿地公园建设逐渐起步。但在此阶段，全社会对湿地公园的理解还没有统一的认识，使得我国湿地公园建设在总体布局、规划设计、建设经营等方面缺乏统一的标准[132]。

2. 快速发展阶段（2007～2013 年）

在经过前一阶段的起步发展之后，我国国家湿地公园建设逐步进入一个黄金时期，步入了快速发展阶段。这主要体现在国家湿地公园建设活动呈指数增长，2007 年我国批准了 12 个国家湿地公园建设试点，2008 年 20 个，2009 年 62 个，到 2013 年一年内的试点批准数量达到 131 个。

在此阶段，随着评估标准、建设规范等文件的发布，国家湿地公园建设目标和规划特点都得到了较深刻的认识，并对湿地公园的规划设计进行了多种多样的探索。在如此迅猛发展的背景下，湿地公园的建设也暴露出许多问题，如大量申建的湿地公园建设实际处于停滞或缓慢进行状态，湿地的多头管理及多方利益角逐，"国家湿地公园""城市湿地公园"等主管机构的分歧、概念的混乱，对湿地的保护、规划、管理、研究乃至教学都带来负面影响。

3. 规范化发展阶段（2014 年以来）

2014 年以后，尽管国家湿地公园的发展还处于炙手可热的程度，但国家加强了对已批建的国家湿地公园的管理。国家林业局制定《全国湿地公园发展规划（2011～2030）》，对湿地公园的全国性布局、分省布局、分流域布局、分类布局进行了详细的论证。

在这一阶段，湿地公园的建设者和管理者在推动湿地公园快速发展的同时也在认真思考，并清晰认识到建设发展过快带来的问题，并从性质和定位上明确了国家湿地公园的位置，提出了示范湿地公园建设的构想。

在这一阶段，国家湿地公园的研究也进一步深入，对国家湿地公园在规划和建设上的经验进行了总结，构建了以基础理论探讨、规划研究、试验研究和空间分析为主的研究方法体系。体现在各湿地公园规划设计专著以及各湿地公园成功管理经营的案例的模式总结，如成玉宁编写的《湿地公园设计》，张玉均和刘国强主编的《湿地公园规划与案例分析》等。

随着科学技术的发展，湿地公园的规划和建设更加精细，各种模型的建立使湿地的生态过程得到一定的还原，可加深对生态过程的认识。同时伴随经济的发展，人们的生活条件的提高以及生活方式的转变，湿地公园的研究除生态上的保护之外，对于人类感知的研究比重有所增加。

### 3.1.3　发展趋势

1. 由注重数量向注重质量转变

自 2004 年国家湿地公园试点起步以来，我国国家湿地公园建设在数量上取得了爆发式的增长，批准试点的国家湿地公园数量由 2005 年的 2 个增长到 2015 年的 706 个。但随着试点国家湿地公园数量的不断增加，部分国家湿地公园在建设质量上出现了一些问题。在此背景下，我国于 2011 年开始了对试点国家湿地公园的验收工作，并对部分未达到建设要求的国家湿地公园取消其试点资格。

从总体来看，当前我国的国家湿地公园建设已经覆盖了大部分重要湿地，下一步湿地公园建设的趋势应当是国家湿地公园建设质量上的把控。国家湿地公园建设的质量把控主要包括以下三个方面：一是对于新申请试点的国家湿地公园要提出更高的建设保护标准；二是对于已经批准试点建设的国家湿地公园，要加强建设引导和质量控制；三是对于即将验收的试点国家湿地公园要严把质量关，严格质量验收标准，不达标的甚至会取消其国家湿地公园试点资格。

2. 由注重建设向注重管理转变

2004 年以来，我国国家湿地公园经历了起步、快速发展和规范化发展三个阶段。在前两个发展阶段国家湿地公园发展的重点在于建设，而轻视了对国家湿地公园的管理，造成部分国家湿地公园建成后未能完整发挥其功能。

在接下来相当长的一段时期内，我国国家湿地公园发展的重点要从简单的建设向有效的管理转变。国家湿地公园的管理工作主要包括三个方面：一是建设前要进行前瞻性的规划和科学决策，为国家湿地公园建设打下良好的基础；二是在建设过程中要严格管理，保证国家湿地公园的规划目标能够完成，保障国家湿地公园的建设质量；三是建设完成后要建立精干高效的管理体系，保证国家湿地公园能够充分发挥其保护生态、科普教育、促进地区经济发展和提高人民生活质量的功能。

3. 由注重经济效益向注重生态恢复和科普教育转变

在前两个阶段的国家湿地公园建设过程中,我国国家湿地公园建设存在过于重视湿地公园建设带来的旅游收益等经济效益,而对国家湿地公园的生态恢复和科普教育重视不足的现象。

在下一阶段的国家湿地公园发展和建设过程中,一个重要趋势是让国家湿地公园的功能回归其本位,即在国家湿地公园建设和管理中要把恢复和保护湿地的生态功能放在首位,同时加强发挥国家湿地公园的科普教育作用。发挥国家湿地公园科普教育功能的一个重要趋势是加强体验式科普,通过游客对于湿地公园的体验式游览加强其对湿地的认同感和归属感,达到唤醒大众共同爱护湿地和保护湿地的目的。

## 3.2　国家湿地公园规划建设要求

国家湿地公园是国家寻求湿地生态系统保护与资源利用平衡所做出的积极探索。从政策上看,为规范国家湿地公园的建设活动,提升国家湿地公园的建设质量,近年来,国家层面出台了一系列的指导原则、指导办法和标准,从而为后续规划提供了参考和要求。指导相关规划和建设的规范性文件主要包括《国家湿地公园评估标准》《国家湿地公园建设规范》《国家湿地公园验收办法》《国家湿地公园管理办法(试行)》《国家湿地公园总体规划导则》。

国家林业局湿地研究中心于 2008 年提出国家湿地公园验收的主要根据性文件——《国家湿地公园评估标准》。该文件以权重赋值的形式强调了湿地生态系统与湿地环境质量的重要性。

同年发布的《国家湿地公园建设规范》明确了我国湿地公园建设的基本原则和目标:在"保护优先、科学恢复、合理利用、持续发展"的基本原则下对湿地生态系统有效保护的基础上,实现湿地的保护与合理利用;开展科普宣传教育,提高公众生态环境保护意识,为公众提供体验自然、享受自然的休闲场所。明确了国家湿地公园的建设内容,为此后国家湿地公园的建设指明了具体路径。

2010 年发布的《国家湿地公园验收办法》阐明了对国家湿地试点验收的主要内容与要求,以及验收评分标准,且明确提出将协调社区关系作为验收的主要内容,《国家湿地公园验收办法》是在《国家湿地公园评估标准》的基础上进行完善和补充,该验收办法对于规范国家湿地公园试点验收,促进国家湿地公园健康发展产生了积极作用。

同年还发布了《国家湿地公园管理办法(试行)》与《国家湿地公园总体规划导则》。《国家湿地公园管理办法》规范了国家湿地公园的建立条件、申请材料要求、命名方式等,并对各个功能区提出了相应的管理要求,以满足湿地保护的需要。该文件为进一步促进国家湿地公园健康发展,规范国家湿地公园建设和管理提供了依据和准则。《国家湿地公园总体规划导则》规范了国家湿地公园总体规划的编制内容和成果,为国家湿地公园建设和发展提供技术指导。

### 3.2.1　基本目标

国家湿地公园规划与建设的指导文件，从规划到验收，始终贯彻了国家湿地公园保护优先、科学恢复、合理利用、持续发展的基本原则。其中湿地生态系统的保护和恢复占绝对主导地位，合理利用主要体现的是湿地生态系统的科普教育价值，持续发展主要体现在生态系统保护与社区利益的保护与协调。

1. 维护和恢复湿地生态系统

国家湿地公园的首要功能是对湿地生态系统的保护。湿地自然保护区、保护小区以及湿地公园的保护体系，从宏观、中观到微观，形成湿地生态系统的保护格局，维护湿地生态系统结构与功能，对于维护区域生态安全与稳定具有重要意义。

2. 教育与示范

国家湿地公园的建设强调湿地的教育与示范功能。通过生态建设进行生态保护的科普教育，实现在全社会树立生态文明理念的目标。通过相关建设增进广大人民群众对湿地生态价值的了解，通过材料使用、建设形式以及景观营造的巧思，让公众认识和了解湿地，并向大众传达生态保护的理念。

3. 合理利用与可持续发展

合理利用是国家湿地公园建设的重要任务之一。利用湿地资源开展生态旅游活动是合理利用的主要形式。一方面，生态旅游活动的开展带动了文化的传播，游客及周边居民可以通过观光体验，融入特色的乡土风情，感受湿地文化，唤起自然保护意识，促进自然资源的保护，同时也促进了文化的交流与发展。另一方面，以生态旅游促进当地经济的发展，实现生态与社会的可持续发展。

### 3.2.2　构成要素

基于"保护优先，科学恢复，合理利用，持续发展"的国家湿地公园规划原则，国家湿地公园规划的目标包括两个方面：一是对生态进行保护和修复，二是促进人类经济社会的发展。规划的主体由自然系统和人工系统两部分构成，从系统论来看，这两个方面只是自然与人工复合系统的组成部分，只有当整个系统转动循环起来时，才能实现各个组成元素的发展（图3-3）。

国家林业局2008年颁布的行业标准《国家湿地公园建设规范》（LY/T 1755—2008）中，将主要建设内容分为七类：保护恢复工程建设、景观建设、宣教工程建设、科研监测工程建设、游览设施建设、安全卫生工程建设以及管理能力建设。《国家湿地公园总体规划导则》中，又将主要规划内容归纳为十类：保护规划、恢复规划、科普宣教规划、科研监测规划、合理利用规划、防御灾害规划、区域协调规划、管理基础能力建设规划、基础工程规划以及管理规划。规划与建设内容紧跟国家湿地公园的主要建设目标及功能要求，即以保护湿地生态系统、合理利用湿地资源为目的，可供开展湿地保护、恢复、宣传、教育、科研、监测、生态旅游等活动。

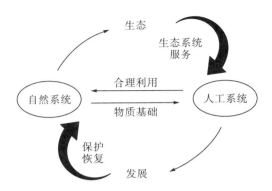

图 3-3　湿地公园规划自然与人工复合系统

　　从系统论的角度出发，可将国家湿地公园的建设内容概括为自然系统、人工系统以及支持两者相互作用的支持系统。因此，结合国家湿地公园的实际情况可将国家湿地公园的规划构成要素概括为自然文化资源、人工利用、湿地公园设施以及协调与管理。

　　1) 自然文化资源

　　自然文化资源是国家湿地公园的物质基础，为合理利用、开发和保护提供载体。根据用途，可将其分为生产资源、景观资源和科研资源；按属性又可将其分为土地资源、水资源、气候资源、生物资源等；根据其各组成要素所发挥的作用及湿地的利用方式，将其分为湿地水资源、土地资源、生物资源、矿产资源及能源、景观旅游资源等。在国家湿地公园中，本书根据其可利用的程度分为保护资源、恢复资源以及可开发利用资源等。

　　2) 人工利用

　　人工利用主要是指人类利用湿地自然文化资源的方式。国家湿地公园中，人工利用方式主要可分为旅游、科研以及教育。湿地自然文化资源与所在地的具体情况对人工利用方式的影响很大。具体的旅游游憩利用方式又可根据主要客源分为旅游型或游憩型；或根据湿地自然与文化资源状况、开发的主要模式分为度假型、休闲型以及疗养型等。

　　3) 湿地公园设施

　　湿地公园设施是指为保证湿地公园的保护、使用以及管理工作正常运行的支持性实物。从其功能性来看，湿地公园的设施主要包括基础设施、管理监测设施、游客服务设施等。当前国内湿地公园基础设施建设内容主要包括公园内旅游公路、路灯、消防设施、安保设施和湿地漫游观光道等，管理监测设施主要为湿地监测管理所需的专业设施设备，游客服务设施主要包括景区环保厕所、环保停车场、旅游服务中心、游客集散中心等。

4) 协调与管理

协调与管理是结构性的，以框架的形式完成对湿地公园的支持，其主要包括对外的沟通协调和对内的管理两个部分。对外的沟通协调主要是处理好湿地公园与其他诸多社会主体的关系。例如，在土地利用问题上需要和政府土地管理机构以及周边村社等社会主体协调；在牵涉社会经济的问题上需要和政府部门及企业等主体协调沟通；同时湿地公园的一个重要作用是进行科普和宣传教育，这需要与社会大众、教育部门和宣传部门进行协调沟通。对内的管理主要包括三个方面的内容：一是要完成对内主要管理机构的搭建，组建高效的管理机构，明确各部门和人员的职责；二是理顺管理规则，制定科学有效的管理章程，使得相关管理工作有据可依；三是要为湿地公园管理提供强有力的制度和物质保障。

## 3.3　国家湿地公园规划与建设存在的主要问题

### 3.3.1　基于湿地生态保护与维护的问题分析

1. 忽视宏观结构布局，湿地保护受削弱

在湿地公园的规划上只看到划定的湿地公园内部的生态性，而缺乏对整个湿地资源的理解，缺乏宏观层面的思考，导致不合理的功能定位和结构布局，致使湿地公园的生态保护受到影响。例如，湿地公园开发程度过大，过度建设，开发利用遍布整个湿地公园，导致湿地资源的破坏。另外，无序的建设活动也造成了资源的浪费。

2. 科普教育重视不足，湿地公园示范意义受局限

国家湿地公园的总体规划中虽然明确提出对科普教育体系的规划，但在实际建设中未能得到很好的落实。大多数湿地公园更为注重对生态旅游的宣传，对于科普教育的工作大多只是形式上的展示，而未有成效的收获，导致公众对于湿地保护的意识欠缺，国家湿地公园的保护示范意义未能得到体现。

3. 规划建设与管理脱节，湿地公园健康发展受制约

当前指导国家湿地公园实践的规定性文件主要有 5 部，在前文中对其内容进行了梳理，其中指导国家湿地公园验收的文件有 2 部，规划、建设与管理的文件各有 1 部。这些指导性文件更多的是从规划建设内容出发，以验收的内容和标准作为规划建设结果，对国家湿地公园的规划建设提出要求。例如，国家湿地公园的总体规划导则从生态系统保护、社会经济发展的角度，以及其支持系统等方面规定了国家湿地公园的规划建设内容。验收管理办法等从结果上对国家湿地公园的自然属性、建设、管理、维护和运营状况提出了要求。而这似乎只有输入和输出结果的信息，缺乏对中间过程的引导和编程，因此，信息就在中间过程中自由游走，最后得出的结果可能就只是随机而混乱的。

### 3.3.2　基于网络数据的国家湿地公园规划建设问题分析

国家湿地公园的建设除湿地的生态保护与恢复外，合理利用并为公众提供体验自然、享受自然的休闲场所，也是其建设的主要内容。因此，本节将从游人使用的角度分析国家湿地公园规划建设中存在的问题。

随着网络时代的来临，网络已经成为当今社会信息传递的最重要的方式之一。网络文本也正式成为旅游研究领域新的重要数据来源。网络评论是游客在完成旅游或相关活动后在网络上留下的对产品的体验或经验感受。目前，网络评论成为了解公众对旅游地的形象感知以及体验感受的重要途径，也是用于制定规划与管理计划的重要参考。因此，本书在分析游客体验时采用网络评论数据，从已获得正式授牌的国家湿地公园中，选取了 2017 年前正式授牌的湿地公园中有较全评论的 84 个国家湿地公园作为样本。在携程、大众点评以及马蜂窝三个网站上收集网友对各国家湿地公园的评论，在筛选过程中，剔除照片、广告以及与目的地无关的评论，将剩下的评论粘贴到一个 Word 文档中，共有 332877 个字符。通过人工判断词义情感进行正面和负面评价的分类。并根据湿地的类型将国家湿地公园分为滨海、河流、库塘、湖泊、人工和沼泽六大类，分别进行其评论的分析。

首先进行分词和词频分析，滤掉与分析内容无关的词，如相关地名"公园""西溪"等，删除无意义词汇，如"各种""适合""然后"等，将同义词归类，如"风景与景色""钓鱼与垂钓"等。得到的词汇中，名词主要集中在景点、地名和环境事物上，动词多分布于游客的活动、湿地公园中开展的项目，形容词多是游客感受的描述。

结合国家湿地公园的系统组成以及游客提及的内容，构建游客体验感受元素框架。对国家湿地公园评论的高频词进行归类，可分为五类：自然资源与环境、社会人文资源与环境、配套设施及管理、旅游者体验与感受、其他(表 3-3)。从内容中提取二级指标，自然资源与环境包括植物、动物以及自然环境；社会人文资源与环境中包含社会人文资源与社会人文环境两个要素；配套设施与管理主要包括服务状况、项目开发、设施配套以及公园管理；游客体验与感受包含评议与感受以及活动两个要素。六类国家湿地公园的高频词及属性分类见表 3-4 和表 3-5。

表 3-3　指标构成

| 项目 | 类型 | | | | |
|---|---|---|---|---|---|
| 一级指标 | 自然资源与环境 | 社会人文资源与环境 | 配套设施与管理 | 游客体验与感受 | 其他 |
| 二级指标 | 植物资源 | 社会人文资源 | 服务状况 | 评议与感受 | |
| | 动物资源 | 社会人文环境 | 项目开发 | 活动 | |
| | 自然环境 | | 设施配套 | | |
| | | | 公园管理 | | |

表 3-4  正向情感高频词及属性分类

| 属性分类 | | 湿地公园类型 | | | | | |
|---|---|---|---|---|---|---|---|
| | | 滨海型 | 河流型 | 人工型 | 沼泽型 | 库塘型 | 湖泊型 |
| 自然资源与环境 | 植物资源 | 芦苇(29)；芦苇荡(17) | 荷花(53)；芦苇(31) | 桃花(2) | 芦苇(99)；水草(22) | — | 荷花(52)；芦苇(38) |
| | 动物资源 | 鸽子(57)；鸟类(54)；海鸥(10) | — | — | 鸭子(28)；水鸟(26) | | 朱鹮(23) |
| | 自然环境 | 海边(69)；海鲜(54)；风景(51)；沙滩(40)；景色(39)；空气(39)；环境(38)；海水(36)；海滩(30)；栈道(24)；海风(23)；景点(22)；面积(16)；滩涂(11)；水果(10) | 环境(69)；景点(68)；空气(61)；面积(38)；湖水(33)；天气(30)；海水(23) | 景点(4)；景色(4)；山水(2)；空气(2)；环境(3) | 景色(263)；空气(57)；景点(56)；栈道(44)；蓝天白云(43)；天气(42)；湖水(39)；湖泊(38)；湖边(32)；环境(28)；面积(23)；蓝天(22)；晨雾(21)；天空(21)；白云(20)；大自然(20) | — | 风景(247)；空气(64)；环境(60)；湖水(52) |
| 社会人文资源与环境 | 社会人文资源 | — | — | — | — | 观音(17) | — |
| | 社会人文环境 | — | — | 村民(2)；人文(2) | — | 交通(10) | 游客(26)；交通(25) |
| | 服务情况 | — | — | — | — | — | — |
| 配套设施与管理 | 项目开发 | — | 游船(49) | 游船(87)；摩天轮(38) | 浴场(8) | 游乐场(7)；游览(5) | — |
| | 设施配套 | 自行车(25) | — | 门票(53) | 住宿(4)；厕所(4) | 项目(21)；设施(15) | — |
| | 公园管理 | 门票(56) | 门票(24) | — | 吃饭(4) | 娱乐(10)；骑马(9)；游乐(7) | — |
| 游客体验与感受 | 评议与感受 | 好(275)；不错(77)；干净(38)；很好(38)；漂亮(25)；美丽(17)；优美(17)；清新(14)；方便(14)；舒服(14)；开心(13)；便宜(13)；丰富(11)；惬意(11)；安静(101) | 清澈(42)；方便(36)；免费(35)；休闲(33)；生态(26)；便宜(24)；特色(24)；清新(23)；放松(21) | 蜿蜒(3)；淳朴(2)；勤劳(2)；清澈(2) | 值得(108)；不错(95)；很美(72)；美丽(53)；很好(47)；最美(33)；喜欢(22)；天然(34)；自然(33)；方便(22)；优美(21)；惬意(20)；仙境(20)；很漂亮(31)；很不错(24)；好地方(21)；原生态(25) | 山清水秀(10)；值得(61)；清澈(34)；很美(30)；特别(21)；舒服(19)；清新(18)；干净(17)；好去处(12)；碧绿(10)；好地方(11) | 不错(179)；值得(79)；很大(68)；很好(68)；很美(55)；免费(49)；很不错(34)；特色(33)；美丽(32)；清新(32)；漂亮(30)；很漂亮(30)；好地方(29)；清澈(28)；方便(27)；好玩(25)；喜欢(24)；好去处(22)；干净(22)；非常好(21)；原生态(2) |

注：词汇后（ ）内数字为词汇出现频次。

表 3-5　负向情感高频词及属性分类

| 属性分类 | | 湿地公园类型 | | | | | |
|---|---|---|---|---|---|---|---|
| | | 滨海型 | 河流型 | 人工型 | 沼泽型 | 库塘型 | 湖泊型 |
| 自然资源与环境 | 植物资源 | — | 荷花(7) | — | — | — | 荷花(18) |
| | 动物资源 | — | — | — | — | — | — |
| | 自然环境 | 海水(13)；景色(12)；环境(6)；海滨(5)；沙滩(5)；垃圾(4)；海滩(4) | 景色(42)；景点(26)；垃圾(12)；环境(9)；空气(6)；门口(5) | 景色(11)；人工(5)；特色(5)；空气(4) | 景色(29)；景点(13)；环境(7) | 景色(11)；景点(9) | 景色(39)；环境(14) |
| 社会人文资源与环境 | 社会人文资源 | — | — | — | — | — | — |
| | 社会人文环境 | 出租车(5)；游客(5) | 道路(12)；游客(6) | — | — | 游客(3)；周边(2) | 游客(16) |
| 配套设施与管理 | 服务情况 | 服务(6) | 服务(15) | 服务(8)；工作人员(7)；态度(5) | 工作人员(5) | — | 服务(11)；工作人员(11) |
| | 项目开发 | 浴场(8) | 游乐场(7)；游览(5) | — | 游船(7)；开发(6) | 项目(3)；开发(3)；游船(3) | 快艇(20)；开发(14)项目(14)；游艇(11) |
| | 设施配套 | 住宿(4)；厕所(4)；吃饭(4) | 项目(21)；设施(15)；娱乐(10)；骑马(9)；游乐(7) | — | 停车场(10)；厕所(6) | 设施(4) | — |
| | 公园管理 | 管理(8) | 门票(27)；收费(13) | 门票(35)；排队(10)；管理(5)；等船(3)；购票(3)；收费(3) | 门票(42)；收费(8)；价格(7)；票价(6)；管理(5)；排队(5) | 门票(12)；船票(7)；价格(6)；垃圾(2) | 门票(83)；收费(38)；游船(26)；船票(20)；管理(14)；设施(10)；吃饭(9) |
| 游客体验与感受 | 评议与感受 | 一般(11)；不好(9)；宰客(6)；素质(5)；污染(5)；人多(5)；很脏(5)；无聊(5)；脏乱差(4)；很差(4)；收费(3) | 一般(26)；失望(10)；没啥(9)；不好(8)；特色(8)；方便(8)；不值(7)；很大(6)；没有什么(6)；一般般(6)；没意思(5) | 一般(7)；不值得(5)；极差(4)；人多(4)；性价比(3) | 一般(11)；失望(6)；不值(6)；很贵(4)；上当(4)；太贵(4) | 一般(7)；特色(3)；没啥(3)；好贵(3)；方便(3)；无趣(2)；没什么(2)；交通不便(2)；性价比(3) | 一般(31)；失望(17)；坑人(11)；性价比(11) |
| | 活动 | — | — | — | — | — | — |
| | 其他 | 夏天(5) | 时间(11)；夏天(7)；季节(6)；冬天(6)；小时(5) | 季节(9)；时间(9)；天气(6) | — | — | — |

注：词汇后（　）内数字为词汇出现频次。

正向情感评价要素可以反映游客对于国家湿地公园的主要印象。从正向情感评价的词汇中，游客体验及感受提及较多的是"美丽""干净""清新""清澈""原生态"等词汇。"美丽""干净"是对国家湿地公园景色和整体环境的描述。"清新"是对空气的描述，"清澈"是对水质的描述，"原生态"是对国家湿地公园整体特征的描述。"拍照""休闲""游玩""散步"是对活动的描述，表示游客对于国家湿地公园中活动的偏好。另外，"天气""时间""免费""季节"也是被高频提起的词汇，说明这些因素对于游客的出行选择有一定的影响。

1. 国家湿地公园整体印象评价分析

对各类公园中正向情感和负向情感词频排名前 10 位的词汇进行分析，由于形容词的指向性没有其他词性的词汇好，因此这里只选择名词、动词进行排序。排序结果见表 3-6 及表 3-7。

表 3-6　正向情感词频前十

| 排名 | 滨海 | 河流 | 人工 | 沼泽 | 库塘 | 湖泊 |
|---|---|---|---|---|---|---|
| 1 | 风景 90 | 风景 242 | 风景 4 | 风景 263 | 风景 131 | 风景 247 |
| 2 | 鸽子 57 | 环境 69 | 周末 3 | 芦苇 99 | 沙滩 51 | 游船 87 |
| 3 | 鸟类 54 | 景点 68 | 夏天 3 | 时间 64 | 游船 49 | 空气 64 |
| 4 | 沙滩 40 | 空气 61 | 环境 3 | 空气 57 | 湖水 47 | 环境 60 |
| 5 | 空气 39 | 门票 58 | 桃花 2 | 景点 56 | 水质 39 | 门票 53 |
| 6 | 环境 38 | 荷花 53 | 山水 2 | 门票 56 | 空气 34 | 湖水 52 |
| 7 | 海水 36 | 游玩 44 | 人文 2 | 栈道 44 | 环境 33 | 荷花 52 |
| 8 | 大海 34 | 夏天 43 | 空气 2 | 蓝天白云 43 | 景点 29 | 游玩 51 |
| 9 | 观鸟 30 | 项目 40 | 村民 2 | 天气 42 | 阳光 28 | 休闲 51 |
| 10 | 芦苇 29 | 面积 38 | | 湖水 39 | 门票 24 | 夏天 40 |

表 3-7　负向情感词频前十

| 排名 | 海滨 | 河流 | 人工 | 沼泽 | 库塘 | 湖泊 |
|---|---|---|---|---|---|---|
| 1 | 海水 16 | 景色 42 | 门票 35 | 门票 42 | 门票 12 | 门票 83 |
| 2 | 景色 12 | 门票 27 | 景色 11 | 景色 29 | 景色 11 | 景色 39 |
| 3 | 浴场 8 | 景点 26 | 排队 10 | 景点 13 | 景点 9 | 景点 39 |
| 4 | 管理 8 | 项目 21 | 服务 8 | 停车场 10 | 船票 7 | 游船 26 |
| 5 | 服务 6 | 设施 15 | 工作人员 7 | 季节 9 | 价格 6 | 船票 20 |
| 6 | 环境 6 | 服务 15 | 人工 5 | 时间 9 | 设施 4 | 快艇 20 |
| 7 | 夏天 5 | 收费 13 | 特色 5 | 收费 8 | 项目 3 | 荷花 18 |
| 8 | 出租车 5 | 垃圾 12 | 态度 5 | 价格 7 | 开发 3 | 游客 16 |
| 9 | 游客 5 | 道路 12 | 管理 5 | 环境 7 | 性价比 3 | 开发 14 |
| 10 | 垃圾 4 | 时间 11 | 空气 4 | 游船 7 | 游客 3 | 管理 14 |

1) 正向情感词汇分析

在六类湿地公园中，正向情感词汇词频最高的是"风景"，在负向情感词汇中，"风景"排名第二，说明游客对于国家湿地公园的关注度高，游客对于国家湿地公园的最主要的印象符号是风景。

在正向情感词汇中，滨海型湿地公园词频前十的词汇都属于自然资源与环境类别，说明游客对滨海型国家湿地公园的感知主要在其自然资源与环境上。

对于河流型湿地公园，除自然资源环境外，"门票""项目"等也是高频词汇，说明游客对于河流型湿地公园的感知还存在于项目开发、门票设置上。

对于人工型国家湿地公园，除自然资源环境外，社会人文环境也是感知的主要对象，另外，游憩的时间也出现在榜单中。说明游憩地的社会人文环境和游憩时间也是影响游憩体验的要素。

沼泽型湿地公园的感知对象主要在自然环境资源与游憩时间上。库塘型和湖泊型湿地公园与河流型湿地公园相似，主要关注度在自然资源环境以及项目开发与门票设置上。而在所有类型的国家湿地公园中，自然资源与环境的关注度都是最高的。

2) 负向情感词汇分析

在负向情感词汇词频中，"门票"词频是最高的，除"门票"以外，"价格""票价""收费"都出现在榜单中，其都代表了价格的高低，说明在影响负向情感的因素中，价格是主要因素之一。

在滨海型国家湿地公园中，负向情感词频前十的词汇中，自然资源与环境属性的词汇占榜单的50%，配套设施与管理占30%，其余是社会人文环境和季节。在河流型国家湿地公园中，负向情感词汇词频前十中，设施配套与管理占榜单的50%，说明河流型国家湿地公园的主要问题出现在设施配套与管理中，具体问题需要之后进行详细分析。人工型国家湿地公园设施配套与管理以及自然资源环境属性的词汇词频相差不大，说明人工型国家湿地公园在这两个方面上都需要更多的调整和改进。沼泽型国家湿地公园中，设施配套与管理占的比重最大。另外，时间和季节因素也占了20%。说明影响沼泽型国家湿地公园的主要因素是配套设施与管理和游憩时间。而库塘与湖泊型国家湿地公园影响游憩体验的主要因素是设施配套与管理。另外，两类湿地公园中，自然资源与环境要素占20%，还有一部分来自社会人文环境。

综上，通过正向情感和负向情感词频前十词汇的分析发现，公众对于国家湿地公园的印象在自然环境资源上，特别是国家湿地公园的景色。影响负向情感的主要因素是价格。另外，配套设施与管理也是游客抱怨的对象。除此之外，国家湿地公园的游憩时间和国家湿地公园所在地的社会人文环境对游憩体验也有影响。

2. 国家湿地公园具体感知分析

1) 正向情感评价具体感知分析

正向情感评价中，滨海型湿地公园自然资源与环境出现频率最高的词汇，除"景色"外还有"湿地动物"和"空气"；设施配套与管理环境中，词频最高的是"项目"和"门票"。在游客评议中，"免费"的词频最高。说明滨海型湿地公园的景色和价格对游客体验影响较大。在河流型国家湿地公园中，自然资源与环境属性出现频率最高的词汇除"景色"外还有"环境""景点""空气"以及"植物"；配套设施与管理中，"项目"和"门票"的词频最高。在游客体验与感受属性中，"清澈""方便""免费"的词频最高。说明河流型国家湿地公园的景色、环境、景点及价格等对游客体验影响较大。

人工型湿地公园中，自然资源词频除"景色"外，"环境""山水"的词频也很高。说明人工湿地公园的环境、山水对游客体验影响较大。

沼泽型湿地公园中，自然资源与环境除"景色"外，"植物"与"空气"的词频也很高；设施服务与管理属性中，"门票"的词频最高；在游客体验与感受中，除去"美"等同类的词汇外，"自然"与"原生态"词频也很高。说明沼泽型湿地公园增强美感和原生态更能提高游客的正向情感。

库塘类国家湿地公园，游客对自然环境的感知除"景色"外，"湖水"和"水质"词频最高；设施配套和管理中，游客对项目和门票设置有所感知；在游客体验和感受中，除"值得"外，"清澈"的词频最高。说明库塘类国家湿地公园在水质等方面的提升有助于增强游客的正向情感。

在湖泊型国家湿地公园中，自然资源属性类除"景色"外，"空气"和"环境"词频最高；在设施配套和管理属性中，"游船"和"门票"的词频最高。在游客体验和感受中，评议词汇除"美""值得"等对环境整体的描述外，"免费"的词频最高。说明提升湖泊型国家湿地公园的景色和游船等设施能增强游客的正向情感。

游客对湿地公园的正向情感中，自然资源属性的风景、空气、水质是主要感知对象，在设施配套与管理上，对项目和门票的设置感知最多，从体验和感受来看，在各类湿地公园中"清澈"与"免费"的词频最高，说明除景色外，水质给游客留下了深刻的印象，花费上也给游客带来了好感。值得注意的是，游客在其他类中，都有提及天气、气候、季节、时间，说明这些因素对游客的出行和游客对湿地公园的感受都有一定的影响。

2）负向情感评价具体感知分析

在负向情感中，滨海类国家湿地公园自然资源与环境属性中词频最高的是"海水""景色"以及"环境"；配套设施与管理中，"浴场""管理"与"服务"词频最高；游客体验与感受中，除对环境无指向性的感受外，"宰客""污染""人多"词频最高。"宰客"与"人多"都属于社会人文环境，而"污染"也对应了自然资源与环境属性中的"海水"。

在河流型国家湿地公园中，"景色""景点""垃圾"在自然资源与环境中词频最高；在配套设施与管理属性中，"门票""项目""设施"的词频最高，结合游客体验和感受词频分析，除无指向性的词汇外，"特色"的词频最高。说明游客认为河流型湿地公园缺乏特色，环境上存在不够干净卫生的问题。在管理上，门票的设置、项目开发以及配套设施是引起游客不满的主要因素。

人工型国家湿地公园中，对于自然资源与环境的感知是"景色"和"空气"；设施配套和管理中，"门票""排队"和"服务"词频最高；结合游客体验与感受除去无指向性的词汇外，"人工""特色"的词频最高，因此，可知人工型国家湿地公园景色、环境人工痕迹重，无特色是主要问题之一；在设施配套和管理上，门票设置、分散游客和服务质量也是影响游客体验的主要因素。

在沼泽型湿地公园中，"门票""停车场""收费"是设施配套与管理属性提及最多的，结合游客评议性"太贵""上当"等词汇，可以看出花费是此类国家湿地公园影响游客体验的主要因素。

库塘型湿地公园中，设施配套与管理上，"门票""船票""价格"和"设施"词频最高，结合游客评议提及较高的"特色""性价比"，说明定价是影响游客体验的主要因素之一，无特色也是此类国家湿地公园的问题之一。此外，社会人文类有提及"游客"和"周边"，说明游客的拥挤程度和周边的环境状况都对游客体验造成了影响。

在湖泊型国家湿地公园中，"门票""船票""快艇"以及"开发"都是配套设施与管理类的高频词汇，结合游客评议的"坑人""性价比"，说明价格是影响游客体验的主要因素，其次，"快艇"和"开发"在一定程度上说明了游客对湿地公园开放度的不满。

而与正面情感词汇相比来看，负面情感词汇的其他属性只有海滨型、河流型和沼泽型有提及，人工型、库塘型和湖泊型没有或很少，说明海滨型、河流型和沼泽型给游客的体验受气候、时间季节的影响较大。

综上，游客体验受价格、费用的影响较大。在自然环境中，景色的优美程度，环境的干净整洁程度对游客体验有较大影响。而缺乏特色，配套设施不完善，项目开发单调是所有类型国家湿地公园的普遍问题，服务和管理质量是国家湿地公园的突出问题。另外，国家湿地公园中，个别湿地公园存在人工痕迹重的问题。

### 3. 结论

从游客使用的角度来看，国家湿地公园的自然文化资源，尤其是风景、空气和水质是湿地公园的符号。拍照、休闲、游玩、散步是游客偏向的活动方式。价格和花费是游客的主要关注要素，门票和花费是影响游客负面体验的主要因素，其次是配套设施与管理状况。

在国家湿地公园的建设中，普遍存在缺乏特色、配套设施不完善、项目开发单调的问题，服务和管理质量有待提高。湿地公园人工痕迹重也是国家湿地公园规划和建设的问题之一。在游客的负向情感中，"不值得""性价比"出现频率都很高，说明游客的体验有一定的心理期望值，门票或花费没有达到游客的期望值，产生负面情感，出现"不值得""性价比低"的评价。从游客对湿地公园关注的要素来看，原因包括：价格与湿地公园整体水平不符，从而造成心理落差，体现在景色、卫生状况、配套设施状况等没有达到游憩者的要求。还包括时间成本与湿地公园整体水平的落差，主要体现在湿地公园的交通状况、可达性与湿地公园的景色、卫生状况、配套设施等。

(1) 缺乏特色，过度"人工化"——优化环境，提升景观档次，挖掘湿地特色。

从游客的负向评价来看，"风景""景色"都是高频提及，而经过上文分析，周边环境、缺乏特色都是影响湿地公园景色的因素。湿地公园由于植被组成、景观性质的原因，容易出现景观单调、缺乏特色的问题。而湿地公园的建设缺乏引导，周边的环境没有统一的要求和控制，再加上湿地景观相对开阔，周边环境很容易对湿地公园的景观造成视觉污染。因此，湿地景观应多层次营建、从多角度探索，增加湿地景观的多样性和特色的挖掘，周边的环境控制也应该纳入湿地公园的规划和设计中。

（2）管理混乱，服务薄弱——维护湿地环境，加强信息及解说，提高管理服务质量。

"污染""水质""垃圾"等都是游客负向情感评价的高频词汇，游客拥挤、管理和服务问题都是游客的抱怨对象。而这些都需要通过管理来统筹协调。建立适应性管理的闭合式——出现问题、解决问题、问题反馈的工作框架。信息和解说服务是游客与管理者之间进行有效沟通的途径，游客通过信息服务了解园内的基本情况以及游客数量状况，避免产生出行季节、游客拥挤而带来的负游憩体验。解说服务不仅能增强湿地公园的教育意义，同时也能在一定程度上起到规范游客行为的作用，起到辅助管理者维持环境质量的作用。

（3）设施建设，合理利用体系有待提高——完善配套设施，有计划分层次地进行湿地开发。

游客的负向评价说明，国家湿地公园的设施配套还有不少的问题，如公厕、停车场等。项目设施也是游客高频提到的问题。由于国家湿地公园的建设初衷是以保护为主，因此项目的开发一定会在某些程度上受到限制。但利用国家湿地公园的生态条件发展旅游综合体是一个值得借鉴的方式。西溪的经验表明旅游综合体发展须具备形成演化的必需条件，需要注重调控系统协同性，包括资源禀赋与集聚产业之间的协同、政府行为与市场导向之间的协同、旅游发展与经济社会发展之间的协同、旅游资源开发与保护之间的协同等[133]。因此，各利益方以及关系相关方应该共同参与，为国家湿地公园的发展开发制定计划。

## 3.4  引入控制性规划的必要性

湿地资源面临的严峻形势，亟须国家湿地公园的规划建设发挥好生态保护与恢复、科普教育的示范功能。但当前由于缺乏可操作性的国家湿地公园规划引导，致使国家湿地公园的规划建设质量无法与规划建设目标相匹配。

从总规直接进入修建性详细规划是当前国家湿地公园建设的主要模式。但总规制定的框架性的导则，无法直接指导建设。而修建性详规专注于具体的建设落地，仅依据总规、建设规范的要求进行各个项目的建设，在短期内能发挥一定的指导作用，但湿地公园的建设多是分期、分阶段进行的，长期来看难免造成各自为政、东拼西凑的局面，造成重建设、轻管理的普遍现象，最终造成资源利用开发的无序性，导致建成与规划相去甚远的结局。

厘清国家湿地的规划建设目标以及主要构成要素，建立国家湿地公园的控制性规划体系是有效改善目前现状的重要举措，也是提高国家湿地公园规划设计质量的关键环节。因此，迫切需要对国家湿地公园的各项规划和建设进行更为深入的理论与实践研究，提出更为规范和细致的规划和建设要求，为国家湿地公园的规划和建设提供切实可行的指导。

# 3.5　小　　结

　　本章简要阐述了我国国家湿地公园建设规划现状与发展演进进程。国家湿地公园建设始于 2004 年，其发展演进大致可分为三个阶段：2004～2006 年为起步阶段，2007～2013 年为快速发展阶段，2014 年以后为规范化发展阶段。当前国家湿地公园发展主要呈现出由注重数量向注重质量转变、由注重建设向注重管理转变、由注重经济效益向注重生态恢复与科普教育转变的趋势。

　　在总结主要指导国家湿地公园规划与建设的相关文件的基础上，明确了国家湿地公园规划与建设的目标任务：维护和恢复湿地生态系统、发挥国家湿地公园的教育与示范作用，通过合理利用湿地资源促进生态与社会的协调发展。明确了国家湿地公园规划的主要构成要素。

　　当前国家湿地公园的规划和建设中普遍存在忽视宏观结构布局、科普教育重视不足，对建设管理、建后管理的工作投入较少，致使国家湿地公园存在建设与规划脱节的现象。从公众对于国家湿地公园的使用后网络评价分析得出：国家湿地公园的建设普遍存在缺乏特色、配套设施不完善、项目开发单调、服务和管理质量有待提高的问题。

　　当前的规划体系无法有效指导国家湿地公园的规划和建设，亟须引入国家湿地公园的控制性规划体系，为国家湿地公园的规划和建设提供切实可行的指导。

# 第4章 国家湿地公园规划控规构架分析

通过对国家湿地公园规划及建设现状的分析可知，现有国家湿地公园规划不能完全适应国家湿地公园保护和可持续发展的现实要求，尤其是在具体实践操作中亟须对国家湿地公园的规划做出详细性的控制和引导，从而实现国家湿地公园建设的健康发展。鉴于目前我国国家湿地公园建设控制性规划研究还十分欠缺，关于国家湿地公园控制性规划的实践还处于摸索阶段，因此，本章主要通过借鉴控规运用较早且成熟的国内城市控制性规划和美国国家公园规划体系，以期厘清国家湿地公园控规的主要思路，确定基本原则，进而结合对国家湿地公园规范文件的梳理，建立湿地公园控制性规划的构成要素和主要内容，为国家湿地公园规划建设提供理论与实践的支撑。

## 4.1 经验借鉴与启示

### 4.1.1 城市控制性规划

我国控制性详细规划最早出现在城市建设领域中，这一名称正式见于 1991 年建设部颁布的《城市规划编制办法》(1991 年 9 月 3 日建设部令第 14 号)，并于 2006 年进行了修订，明确规定"控制性详细规划由城市人民政府建设主管部门(城乡规划主管部门)依据已经审批的城市总体规划或者城市分区规划组织编制"。城市控制性规划研究以国外城市土地开发控制技术为基础而开始，结合国内城市建设和开发的实际情况而提出，它通过对土地使用性质和使用强度的控制指标、道路和工程管线控制位置以及空间环境控制等规划要求来控制和引导城市建设活动。

1. 城市控规的产生

城市控规产生于 20 世纪 80 年代，最初是以"土地分区规划管理"的概念引入我国。当时，我国实行改革开放，计划经济体制向市场经济体制转变使我国的城市建设和开发活动发生了巨大变化。同时，随着 20 世纪 70 年代经济全球化推进，使得全球城市间的竞争更趋明显，城市的发展被放在了更加重要的位置。

我国计划经济向市场经济体制的转变中，土地使用制度从无偿、无限期的行政划拨转变为土地有偿出让，从完全的计划模式转向市场模式。土地作为基本生产要素使其可以进行商品化经营，这一改变使土地开发的投资者由单一的城市政府变为国家、集体、个人及企业等多元化的投资和利益主体。不同的投资主体对城市开发建设的要求不同，开发建设方式也多种多样，无序盲目的建设最终导致零散、杂乱、毫无结构的城市布局。为了适应经济体制带来的一系列新变化及其由此带来的各种挑战，规范各个投资主体对城市开发的建设活动，使城市建设和发展能按照既定的城市发展总规进行，实现城市健康、有序的发展，我国借鉴了北美大陆以及我国港台地区实行的"土地分区规划管理"方法，并结合我国城市规划的实际情况，提出了控制性详细规划，引导全国的城市建设和开发活动。

2. 主要内容及技术体系

在城市控规的发展过程中，逐步形成了定性、定量、定位、定界的，以土地控制为主要内容，以综合环境质量为要点的控制和引导体系。城市控制性详细规划主要是对地块的用地使用、环境容量进行控制，对建筑建造进行控制，对城市设计进行引导，对市政工程设施和公共服务设施的配套，交通活动以及环境保护进行规定。经过 20 多年的实践，城市控规形成了土地使用、环境容量、设施配套、城市设计、建筑建造、行为活动六个方面的控制体系，如图 4-1 所示。

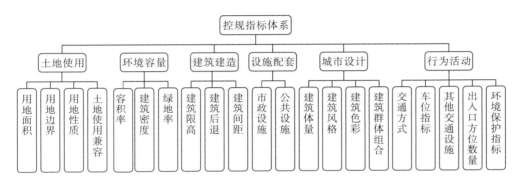

图 4-1  城市控制性详细规划控制指标构成

控制指标按照其控制力度可分为定性和引导性两类。城市控规的规定性指标主要对土地使用、环境容量、建筑建造、行为活动等进行控制。城市控规设计以引导性为主，既避免了最大的随意性，又使城市个性特色多元化发展而不失秩序性。

3. 对国家湿地公园控规的启示

城市控规的产生背景以及其要解决的问题与国家湿地公园的规划建设是不同的，这一体系并不适用于国家湿地公园，但其控规编制解决问题的思路与方法，对于国家湿地公园控规研究仍然具有启示：坚持以目标为导向，对影响目标实现的关键因素进行控制。城市控规的产生是为了协调个人及企业等多元化的投资和利益主体对城市建设的无序开发造成的城市布局结构混乱的局面，以保证城市的健康发展。因此国家湿地公园控规应从现状出发，分析目前湿地公园建设所面临的主要矛盾，以及影响湿地公园规划建设目标和功能发挥的主要原因及其作用途径，并基于此对相关因素进行控制，确保规划实现既定目标。坚持以总体规划为统揽，注重总体的协调和衔接。城市控规是在依法批准的总体规划或分区规划下来考虑相关专项规划要求的，并提出具体控制性指标。因此，国家湿地公园建设控规，也应在国家湿地公园建设的总规目标框架下进行构建，对相关专项规划提出细化要求和具体控制指标。

### 4.1.2　美国国家公园的规划体系

自 1832 年乔治·卡特琳提出建设美国国家公园的想法，到 1872 年黄石国家公园的建立；从 1916 年美国国家公园管理局的设立，到 2011 年新百年发展行动纲领的提出，美国的国家公园积累了 100 多年的规划和管理经验，可以说是世界上建立最早，且发展最为完备的自然资源保护与利用的范例，深深地影响了世界上其他国家自然与文化资源的管理。

1. 美国国家公园规划概况

美国国家公园的规划大体上可分为五个层次，从最宽泛的总体管理规划，逐步向详尽的实施计划过渡。具体包括总体管理规划、项目管理计划、策略计划、实施计划以及年度绩效计划与报告。

总体管理规划主要是对公园的环境状况做出陈述，并设定公园的长期发展目标。其主要内容包括：定义长期的自然资源和文化资源的保护目标与期望维持的状况；为使游客达到了解、认识、欣赏和体验公园的目的，定义公园所必备的条件；确定目标状态所适合的活动、游客使用以及开发项目的类型和水平；设定了为维持期望状态，需要控制的指标和标准。

项目管理计划是在总体管理规划的基础上针对具体项目而开展的策略指导，如针对资源保护与管理的资源监管策略，针对国家公园解说宣传的全面讲解计划，土地保护计划、游客使用计划、火灾管理计划等。

策略计划是针对国家公园 1～5 年的发展计划与目标。这些目标明确了未来公园要实现的资源状况和游客体验，是在总体管理规划下设定的短期的工作框架与可预测的目标结果。

实施计划是对前面几个层次中开展的活动和项目的执行。实施计划可能会专注于总体管理规划中的个别项目，并对实现规划结果所必需的技术、设备、基础设施、进度安排和资金做出详细的计划和说明。实施计划可能只是用来指导有限的项目，如重新引进某个濒危的物种或者开辟一条小径，或者指导某个延续性的活动，如保护某个历史建筑物。

年度绩效计划与报告主要是对年度工作的计划和年度工作的成果汇总，是对上一财政年度是否达到年度目标的总结。

2. 大沼泽国家公园的规划实践

在美国的国家公园中，位于佛罗里达的大沼泽国家公园（Everglade National Park）是最为典型的以湿地作为主要规划内容的国家公园。它于 1934 年获得国会批准，在佛罗里达州立法机构、支持者的持续努力下，最终于 1947 年 12 月 6 日建成，占地面积为 46 万英亩[①]。后又经过边界调整，外加 130 万英亩陆地、淡水、海洋湿地等区域的纳入，以及东大沼泽地和 Northeast Shark River Slough 的纳入，现大沼泽国家公园已囊括了 151 万英亩的土地。国家公

---

① 1 英亩约为 0.405 公顷。

园体现了其对美国的自然和文化遗产的重要性，代表着其在该区域、国家乃至全球环境中的特殊性与重要性。大沼泽国家公园在美国和国际上具有重要意义，它是一个独特的亚热带湿地，是佛罗里达淡水生态系统与佛罗里达湾和墨西哥湾的海洋系统之间的水文连接，是美国唯一一个跨国家生物圈保护区、具有世界遗产地和具有国际重要性的湿地区域。

（1）主要规划内容：从其规划的内容及愿景来看，大沼泽国家公园依据本地资源、使用者以及他们之间的相互作用关系对其规划建设内容进行了划分，主要包括自然资源与文化资源规划建设、游客使用规划建设以及公园设施规划建设。在这几个方面的内容下，又划分了具体的规划建设项目，对每一规划建设项目进行了阐述，并提出了相应的规划建设策略。

（2）国家公园分区：大沼泽国家公园的分区包括开发区、聚集区、游船区、撑篙或拖钓船区、撑篙/拖钓/慢速船区、荒野区（非机动区）、特别保护区。将生态保护与游客体验都放到了同等重要的地位。

开发区是主要的游客设施和服务区域，包括与公园概况、游客须知等有关的设施及服务。该区域还可容纳国家公园局的管理设施。这个分区不在指定的荒野地区设置。

游乐区是游客易于到达的具有吸引力的区域，为游客提供了享受和了解公园的机会。该区域不在指定的荒野区设立。

游船区为游客提供各种类型的休闲船只，包括摩托艇。可设在明水水域。

撑篙或拖钓船区对脆弱的浅海实施保护，但允许由桨、篙驱动的船只进入。这一区域可出现在指定的荒野海洋湿地区域。

撑篙/拖钓/慢速船区主要在浅海敏感区，用桨、篙驱动的船只可进入，当水深足够时也允许内燃机船慢速地活动。常设置在海湾区域、明水面上或指定的海洋湿地荒野地区，根据水深调整船的类型。

荒野区（非机动区）是最为原始的区域，为游客提供了安静的、原始的水上或陆上的荒野体验。这一区域可出现在指定的陆地或海洋湿地荒野地区。

特别保护区主要是保护重要或敏感的野生动物栖息地或作为生态监测等科研区域，保护栖息地完整结构和正常的生态过程。该区域可能在指定的荒野（陆地）或海洋湿地地带。

3. 中美国家湿地公园规划体系对比

我国国家湿地公园的规划体系与美国国家公园的规划体系的主要区别体现在：规划侧重点、规划的层次、规划的依据、规划主体、规划内容（表4-1）。

（1）规划侧重点：美国国家公园规划更侧重管理，我国目前的规划体系还比较偏重规划与建设。美国国家公园规划相关的文件有美国国家公园总领文件 GMP（*General Management Plans*），其是由总体规划发展而来的。在称作总规的年代，国家公园以发展为主题，鼓励人们使用公园内的资源，而这样的发展模式可能造成自然资源的严重退化以及恶化；随着人们对自然资源、生态问题的关注，生态学家以及其他学科的专家、公众群体也逐渐加入总规的编制中，总规于 1975 年更名为 GMP。这样的转变也说明了其工作的重心由规划与建设转向了管理。目前我国国家湿地公园土地开发、利用、治理、保护等在空间和时间上所做的总体安排和布局的指导文件是《国家湿地公园总体规划》。从整个规划体系以及规定性文件来看，我国国家湿地公园的规划体系更偏重于规划与建设，对管理规定还较为滞后。

表 4-1 中美国家湿地公园规划对比一览表

| 比较项目 | 美国 | 中国 |
|---|---|---|
| 规划体系侧重 | 管理 | 规划与建设 |
| 规划体系的层次 | 五个层次：<br>总体管理规划<br>项目管理计划<br>策略计划<br>实施计划<br>年度绩效计划与报告 | 两个层次：<br>总体规划<br>详细规划 |
| 规划制定的依据 | 以监测为基础 | 以预测为主 |
| 规划设计单位 | 丹佛规划设计中心 | 各级城市、园林、大专院校等相关设计单位 |
| 规划建设内容设置 | 自然资源与文化资源规划建设、游客使用规划建设以及公园设施规划建设 | 保护恢复工程建设、景观建设、宣教工程建设、科研监测工程建设、安全与卫生工程建设、管理功能建设 |
| 分区管理 | 与游客体验结合而进行的分区：开发区、聚集区、游船区、撑篙或拖钓船区、撑篙/拖钓/慢速船区、荒野区、特别保护区等 | 以保护为主的功能性分区：湿地保育区、湿地恢复重建区、科普宣教区、合理利用区、综合管理服务区等 |

（2）规划体系层次：美国的国家公园规划体系层次比较完善，我国的国家湿地公园规划总规层与详规层之间缺乏有效过渡和衔接。美国国家公园的规划体系包括了五个层次，从战略性的总体管理规划到项目管理计划，从策略计划再到实施计划，最后还有年度绩效计划与报告，如图 4-2 所示。实现了从宏观到微观的完整过渡，从长期到近期的完整布局，以详细分层的管理计划保证了每一步目标的落实。中间层次的计划还融入了适应性管理方法，使管理能够得到及时有效的调整。

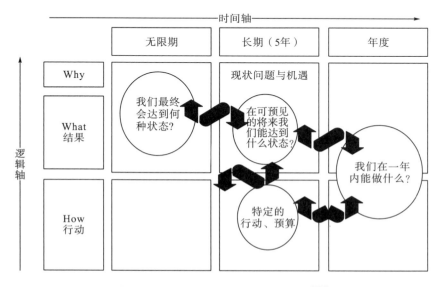

图 4-2 美国现行决策体系的逻辑关系[134]

我国国家湿地公园的规划有两个层次，一个总体规划，一个详细规划。详细规划又分控制性详细规划和修建性详细规划。但在目前的实践中，普遍只有总体规划和修建性详细规划。控制性详细规划通常由修建性详细规划直接代替，由于缺乏可操作性，造成规划与建成不符的尴尬局面，总规中的愿景也无从实现，大大地影响了国家湿地公园使用效益的发挥。国家湿地公园重建设、轻管理的问题突出，建成后运营情况缺乏监测与跟踪，湿地公园的可持续发展更无从谈起。

（3）规划依据：美国国家公园的规划是以数据监测和法律制度为基础，我国国家湿地公园的规划主要以预测为前提制定，缺乏对湿地公园内资源环境变化情况的监测。美国国家公园的规划中各种以指标形式制定的目标都是建立在监测的基础上。在各个行动的决策上，建立在环境影响分析上，并融入了各个利益方的意见，且以法律为规划的框架和出发点。其总体规划和实施计划的主要法律框架是《国家环境政策法》和《国家史迹保护法》，策略计划和年度计划的主要法律框架是《政府政绩和成效法》。我国国家湿地公园的规划虽然以一定的数据作为基础，但主要还是以预测为前提；虽然也强调协调与周围社区的利益关系，但无公众直接参与，往往由各学者间接转达公众意见。在相关的法律体系和制度建设上，还存在不同职能部门执法困难甚至冲突的情况。

（4）设计主体：在规划设计主体上，美国的国家公园规划设计都是统一由丹佛规划设计中心进行，虽然有一定的垄断性，但设计质量相对一致。国内的国家湿地公园规划设计由各级城市、园林、大专院校等相关设计单位进行，规划设计的质量也是千差万别，良莠不齐。因此，应尽快建立完善的规划体系，加快规划建设的规范化。

（5）分区方式：以美国大沼泽国家公园为例，其分区主要以自然文化资源保护要求以及其可提供的游憩机会为依据，分为了开发区、聚集区、游船区、撑篙或拖钓船区、撑篙/拖钓/慢速船区、荒野区、特别保护区等，每一区域使用和管理都有相应的要求。我国的国家湿地公园分区主要根据功能，普遍分为湿地保育区、湿地恢复重建区、科普宣教区、合理利用区、综合管理服务区。虽然在总规中对每一区域的利用方式和建设内容有一定的要求，但存在界限模糊的情况，导致开发利用不符合资源保护的要求，对自然和文化资源造成威胁。

（6）科普教育方式：美国国家公园的游客中心与其说是游客集散点，不如说是一个国家公园的自然历史展馆，以及小型的科普馆，在这里可以了解到关于该国家公园的基础的资源信息，如占地面积、物种种类等，以及与游览有关的所有信息。主要的解说与教育方式包括人工服务和非人工服务以及教育项目。人工服务是指园内的导览员、巡逻者等，为游客提供公园的相关信息，起到引导及管理的作用。非人工服务主要是一些展览、导览及解说标识系统。教育项目主要是针对青少年而开展的公园课堂，教授一些自然科学与人文历史知识。而爱护自然、保护自然等思想的传播，则融入到了游客体验中，游客亲身体验感受了自然的美好而激起了对自然的归属感和认同感，使他们能自发地意识到保护和爱护自然的重要性。

科普教育也是我国国家湿地公园建设的主要目标之一，但科普教育的方式较偏向于"说教式"，导致效果不佳。我国湿地公园的科普教育在设计上还需要完善科普解说系统，加强现代科技在科普教育设计中的应用，增强游客在科普教育中的参与性与互动性，提高工作人员在科普教育方面的专业素养。

### 4.1.3　启示

(1)强化管理意识和目标导向。在国家湿地公园的规划设计中,不仅要加强对建设的规划,还应将管理的思想融入控制规划中,以预期的管理目标为导向,对影响目标实现的关键因素制定控制标准,确保规划实现既定目标,使湿地公园实现可持续发展。

(2)完善规划体系层次。在规划层次上,明确国家湿地公园控规处于总规和修建性详规间的控制性环节,加强总规和修建性详规之间的协调衔接,对湿地公园的建设做出具有可操作性的指导和参考。

(3)明晰分区方式和内容要求。国家湿地公园控规应在国家湿地公园总规的框架内完善和明确国家湿地公园的分区使用界限,区分出各分区的主要功能、内容以及保护利用方式。

(4)加强科普教育在游客参与性方面的顶层设计。国家湿地公园在科普教育以及宣传上缺乏顶层设计,国家湿地公园控规应对此环节加以控制和引导,结合国家湿地公园特色,使其融入合理利用的各个环节,增强大众对于湿地的归属感与认同感。

### 4.1.4　相关控制体系借鉴

1. 城市湿地公园控制体系

城市湿地公园与国家湿地公园有较大的相似性,其都是以湿地生态系统为主体,并在规划上强调生态性。高鹏飞等以西安浐灞国家湿地公园为例,构建了城市湿地公园的控制性详细规划体系(表4-2)。城市湿地公园纳入了城市绿地系统,与城市建设关系密切,在控制内容上强调了与市政设施的协调问题。

表 4-2　城市湿地公园控制要素及内容

| 控制要素 | | 控制内容 |
|---|---|---|
| 建设型用地控制 | 土地使用强度控制 | 建筑密度、建筑限高、容积率、绿化率 |
| | 市政设施强度控制 | 容量、数量、位置 |
| 湿地型用地控制 | 用地使用控制 | 用地性质、湿地性质、湿地类型 |
| | 游客容量控制 | 生态容量、最佳游客容量、极限容量 |
| | 建筑建造控制 | 建筑形体、建筑限高、建筑材料 |
| | 景观环境控制 | 植被群落、水系构建、土壤构成 |
| | 行为活动控制 | 游赏方式、可进入度 |
| | 环境设施控制 | 照明强度、游憩设施布点、服务设施布点 |
| | 分期建设控制 | |

注:根据相关资料整理[110]。

## 2. 风景名胜区控制体系

风景名胜区着重对风景资源的保护和开发利用，在控制体系上，除在基础建设内容上的要求外，突出了风景资源开发的特点，融入了风景保护、游赏控制的内容（表 4-3）。

表 4-3　风景名胜区控制要素及内容

| 控制要素 | | 控制内容 |
|---|---|---|
| 土地使用 | 土地使用控制 | 用地面积、用地边界、用地性质、用地使用相容度 |
| | 环境容量控制 | 容积率、建筑密度、居住人口密度、绿地率、空地率 |
| 建筑建造 | 建筑建造控制 | 建筑高度、建筑后退、建筑间距 |
| | 空间形体控制 | 建筑体量、建筑色彩、建筑形式、建筑空间组合、建筑小品设置 |
| 设施配套 | 基础工程控制 | 邮电通信设施、供电能源设施、其他 |
| | 游览设施控制 | 旅行设施、游览设施、饮食设施、住宿设施、购物设施、娱乐设施、保健设施、其他 |
| 行为活动 | 交通活动限制 | 出入口方位及数量、交通方式、装卸场地规定 |
| | 环境保护规定 | 水污染物允许排放量、水污染物允许排放浓度、废弃污染物允许排放量、固体废弃物控制、噪声振动等允许标准值、其他 |
| 保护游赏 | 保护培育要求 | 分类保护区划定、分级保护区规定、其他 |
| | 风景游赏控制 | 游人容量、观赏欣赏方式、欣赏点选择、风景单元组织、典型景观控制要点、其他 |

注：根据相关资料整理[100]。

## 3. 比较启示

对比城市控制性详规、城市湿地公园以及风景名胜的控制性规划体系（表 4-4），其均对土地使用、环境容量、建筑建造、设施配套、行为活动提出了要求，并在此基础上根据自身的规划特点和建设要求提出了其他控制要求。

表 4-4　控制要素及内容对比

| 控制要素 | 城市控规 | 城市湿地公园控规 | 风景名胜区控规 |
|---|---|---|---|
| 土地使用 | + | + | + |
| 环境容量 | + | + | + |
| 建筑建造 | + | + | + |
| 设施配套 | + | + | + |
| 行为活动 | + | + | + |
| 其他要求 | 城市设计 | 景观环境 | 保护游赏 |

注："+"表示涉及了相关内容。

国家湿地公园与风景名胜区、城市湿地公园的规划，既有相似又有差别。风景名胜区虽然与国家湿地公园在资源保护和利用的概念上有相似之处，但国家湿地公园除保护和利用的内涵外，还承担了湿地生态恢复和科普教育的任务，因此对生态性的要求更高。

城市湿地公园的规划设计与国家湿地公园最为相似，但城市湿地公园与城市关系密切，国家湿地公园中除城市型外，还有近郊型、远郊型。国家湿地公园类型较城市湿地公园丰富，且规模面积普遍较城市湿地公园大。在规划设计上更加强调湿地的生态保护和恢复，科普宣传教育的功能性较城市湿地公园高。

因此，国家湿地公园在控制规划体系的构建上还需要根据自身的规划内容和特点而定。

## 4.2　总体思路及原则

### 4.2.1　总体思路

1. 以管理和目标为导向明确控制要素

国家湿地公园的控规应与管理相结合，控制性规划不仅仅是总规与详规的过渡，而且是一种有效的管理工具，用于统筹协调规划与建设的关系、建设与使用的关系，也是各相关利益体间有效沟通的途径。因此，应将控制与管理结合，针对国家湿地公园可能出现的问题，明确管理目标，在此目标下进一步明确控制要素，科学制定控制方式，采取灵活的措施与策略，保证湿地公园的正常运作和可持续发展。

2. 以影响目标达成的因素为依据明确控制内容

对国家湿地公园的规划和建设目标进行深入地解析，在理论和实践的基础上，总结分析在湿地公园的规划建设中可能影响目标达成的因素，通过分析其对目标的作用途径，明确控制内容，构建控制体系，以期为国家湿地公园规划和建设目标的实现提供保障。

### 4.2.2　基本原则

1. 科学性

国家湿地公园的控制性规划要以客观性、科学性为基础，做出的控制及要求应能体现国家湿地公园的本质，避免主观和片面的判断。对控制内容进行深入的研究和科学的分析，吸收多方利益主体的合理诉求，科学表达控制要求。

2. 针对性

国家湿地公园的规划建设以生态保护与恢复为主，合理利用，强调湿地的科普宣教功能，因此其规划和建设内容与其他公园有本质区别。应针对国家湿地公园的具体规划内容，选择影响其规划目标落实的因素进行控制，促进湿地公园的可持续发展。

3. 可操作性

国家湿地公园的控制性规划应具有可操作性，目前总体规划无法直接对建设进行要求，导致破坏资源与环境的无序建设活动。控规应对湿地公园的保护和开发工作做出切实可行的引导，规范开发和利用行为，落实总规的美好愿景。

# 4.3　国家湿地公园控规要素及内容

　　在前文对国家湿地公园规划设计相关规范要求梳理的基础上,通过借鉴城市控规和美国国家公园规划体系,在参考相关控规体系的条件下,结合国家湿地公园的主要规划和建设内容,在加强管理和引导的总目标下,在维护和恢复湿地生态系统、注重湿地资源的合理利用和可持续发展、加强科普教育等具体目标的指导下提出国家湿地公园的控规要素及内容,如图 4-3 所示。

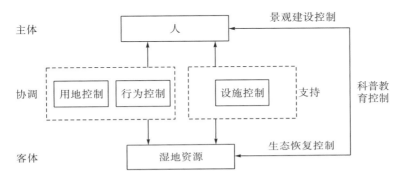

图 4-3　国家湿地公园控规控制要素结构图

　　(1)用地控制。湿地生态系统的保护是国家湿地公园建设的首要目标。用地控制就是要合理开发利用土地,保护好湿地生态系统,实现其可持续发展。开发利用是湿地生态系统的主要威胁源之一,用地控制就是通过对用地结构、开发强度等方面提出要求,减少人类对湿地生态的干扰,避免盲目过度的开发。

　　(2)生态恢复规划控制。湿地生态系统结构和功能的保护与恢复是国家湿地公园规划与建设的主要内容,在国家湿地公园控制性详规中对此应当有明确的控制性规定,其主要内容应包括对湿地水环境治理、水体动力控制、驳岸改造引导、植物恢复引导、栖息地恢复控制的确切要求与方案。

　　(3)科普教育规划控制。科普教育与生态恢复是国家湿地公园区别于其他公园的特有属性。科普教育规划的目的在于通过对湿地相关知识的宣传和科普教育,提高公众对湿地的认识和对湿地保护的意识,使公众能够了解湿地并参与湿地保护。因此在国家湿地公园控制性规划中应基于当前国家湿地公园科普教育规划及实践中出现的问题,提出具有针对性的科普教育规划的方法以及引导。

　　(4)景观建设控制。景观是由各景观要素组成的视觉总体,不同资源有其特有的视觉属性。湿地公园景观是影响游人体验质量的关键要素之一。景观规划建设控制应突出湿地景观的自然特性,维护自然景观的整体和谐,并以公众对景观的良好感受为标准,通过对组成实体景观具体要素的控制,从景观营造和景观风貌上对国家湿地公园的景观建设做出引导。

　　(5)行为活动控制。国家湿地公园中的行为活动主要是以生态旅游为主而开展的合理利用活动。在当前我国城市化进程不断加快、人们生活水平不断提高的背景下，游客对于出行质量有了更高的要求。但同时游客活动过程对湿地自然与文化资源造成不同程度的冲击成为湿地公园可持续发展的障碍。行为活动控制即是要在生态保护的同时，注重游客的游憩质量，通过组织交通活动、限制游人容量以及环境保护，避免对生态环境造成毁灭性破坏，同时规范游人的行为。

(6)设施建设控制。国家湿地公园设施为湿地公园的保护、使用以及管理工作提供支持和保障。设施建设控制是对公园相关工作开展和使用活动的设施提出配置要求。设施建设应从其功能性、安全性以及生态可持续性对设施规模用量、外观及布局做出要求。

# 4.4　小　　结

城市控规已走过了探索阶段，并已相对成熟；自然与文化资源保护与利用并重的美国国家公园的规划建设模式已较为完善，两者对国家湿地公园的控制性规划皆具有借鉴作用。

本章首先对城市控制性详规的提出背景和内容体系进行了分析，城市控规的产生是为了协调个人及企业等多元化的投资和利益主体对城市建设的无序开发造成的城市布局结构混乱的局面，以保证城市的健康发展。因此国家湿地公园控规应从目前湿地公园建设所面临的主要矛盾出发，分析影响湿地公园规划建设目标和功能发挥的主要原因及其作用途径，并基于此对相关因素进行控制和引导，确保规划既定目标的实现。

对美国国家公园的规划体系进行分析，并以大沼泽国家公园为例，与国家湿地公园的规划建设进行了对比研究，发现两者在规划体系侧重点、规划体系的层次、制定依据、规划设计单位、规划建设内容设置，以及分区管理模式上存在差异。研究认为，国家湿地公园的控制性规划应融入管理的思想，以预期的管理目标为导向，对影响目标实现的关键因素制定控制标准。

比较分析了城市湿地公园控制体系和风景名胜区控制体系，提出国家湿地公园控规的关键指标体系参考。

基于国内外相关控规的比较分析与借鉴，提出了国家湿地公园的控制性详细规划的思路：以目标为导向，协调主要矛盾，明确控制内容；规划与管理并重，控制与引导并行。并在参考城市控规体系、风景名胜区以及城市湿地公园的控制性规划体系下，结合国家湿地公园总则的相关规划要求，提出了国家湿地公园的控制要素：用地控制、生态恢复控制、科普教育规划控制、景观建设控制、行为活动控制、设施建设控制，为本书提供了分析的总体框架。

# 第 5 章　国家湿地公园用地控制

国家湿地公园的建设必须要注重对土地的合理开发利用，这对于保护好湿地生态环境，实现其可持续发展具有重要作用。功能布局以及开发强度是开发利用土地控规的重要内容，其直接影响到国家湿地公园的生态以及社会经济效益，能够协调公园中出现的各种关系，避免盲目过度的开发。依据国家湿地公园总体规划导则关于用地功能的规定，本书针对用地区划结构及开发强度提出相应控制规划要求。

## 5.1　用地控制基础分析

### 5.1.1　开发利用现状

通过对目前国家湿地公园的功能布局形式以及建设内容的梳理(表 5-1)发现，现今虽然在规划和建设中有相对一致的形式和内容，但由于缺乏对开发利用的统一要求，建设随意性较大，导致湿地生态保护的效果不佳。

表 5-1　国家湿地公园分区情况及主要建设内容

| 国家湿地公园名称 | 科普宣教区 | 合理利用区 | | 管理服务 |
|---|---|---|---|---|
| | | 分区细化 | 分区内容 | |
| 新疆博斯腾湖国家湿地公园 | 湿地植物认知园、观鸟屋、观鸟栈道、湿地展示长廊 | 无 | 水利观光、休闲度假、休闲娱乐、滨水运动、农渔体验、湿地观光 | 停车场、游客中心、集散广场、湿地科普馆、管理监测服务站 |
| 西安浐灞国家湿地公园 | 湿地科普中心、野生动物救护繁育中心、水花园 | 兰湖休憩区 | 兰家庄、三郎村、商务休闲配套设施、水上休闲中心 | 游客信息与服务中心、行政综合办公楼、土特商区、休闲会馆 |
| | | 生态农渔体验区 | 青少年活动中心、贾家滩农家乐餐饮 | |
| 辽宁大汤河国家湿地公园 | 湿地动物科普园、荷花大观园、湿地植物认知园、生态驳岸展示 | 生境体验 | 观鸟、湿地相关游憩 | 集散广场、停车场、会展中心 |
| | | 水上娱乐 | 手划船、脚踏船等亲水乐园、水上浮桥等水上拓展基地 | |
| | | 湿地滨水休闲 | 生态景观长廊、滨水观光 | |
| 山东蟠龙国家湿地公园 | 净水展示园、观鸟屋、观鸟长廊 | 无 | 荒野探险、湿地观鸟、农业休闲、文化展示、运动休闲、水上活动 | 湿地管理科普综合馆、停车场、滨水休闲景观 |
| 郑州黄河国家湿地公园 | 湿地净化展示、科普宣教中心 | 滩地探索 | 观鸟、游览 | 停车场、广场、交通服务、纪念商店、游客服务中心 |
| | | 农耕文化体验 | 农田、农事体验、游览 | |
| | | 休闲娱乐 | 垂钓、餐饮、住宿 | |

| 国家湿地公园名称 | 科普宣教区 | 合理利用区 | | | 管理服务 |
|---|---|---|---|---|---|
| | | 分区细化 | | 分区内容 | |
| 重庆濑溪河国家湿地公园 | 河流湿地展示 | 农田湿地展示 | 路孔古镇风情体验 | 古镇风情街、购物、住宿、餐饮 | 游客服务中心、集散广场、停车场 |
| | 观鸟、木栈道、平台 | 农田、展示小屋 | 湿地体验 | 湿地科普中心、户外健身、垂钓、生态园 | |
| 安丘拥翠湖国家湿地公园 | 观鸟长廊、湿地植物认知园、人工湿地展示长廊 | 养生文化 | | 登山健身、湿地观光 | 停车场、游客中心、入口广场、宣教馆、商铺 |
| | | 农渔文化体验 | | 生产养殖、农事体验、农业观光 | |
| | | 滨水游乐 | | 主题花卉、林渔特色景观等 | |
| 湖南千龙湖国家湿地公园 | 科普展馆、村舍农家、渔友之家、鸟类原地 | 生态种植示范 | | 农田、住宅、蔬菜生产基地、戏水采摘等活动 | 行政综合办公楼、土特产商品点、游客服务中心 |
| | | 休闲娱乐 | | 度假村、人工沙滩、餐饮、亲水游乐 | |
| 浙江玉环漩门湾国家湿地公园 | 湿地博物馆、生境探索游览 | 无 | | 培育园、生态农业园、开心农场、拓展营、游船观光、垂钓园 | 游客服务中心 |
| 上海崇明西沙国家湿地公园 | 简易游客中心、科普宣教中心展示馆 | 无 | | 休闲观光、茶室、生态渔业 | 停车场、游客服务中心 |

## 1. 空间布局

当前国家湿地公园没有统一的空间布局形式。总规要求遵循同一区内规划对象特征及存在环境的一致性、管理目标与技术措施的一致性，自然与人文单元完整性的原则，依据对象的属性、特征和管理需求进行分区，从而形成国家湿地公园的空间布局形式，目前基本已经达成了保护区、恢复区、科普宣教、合理利用区以及综合管理区的分区布局形式。有些湿地公园又将合理利用区分为两个或更多的功能区。如在辽宁大汤河国家湿地公园中，分区包含了保育区、恢复区、科普教育区、生境体验区、水上娱乐区、湿地滨水休闲区以及管理与服务区。在郑州黄河国家公园中，分区除保育区与恢复区以外，还包含了滩地探索区、农耕文化体验区、休闲娱乐区与管理服务区。重庆濑溪河国家湿地公园中，除固定的保育区、恢复区、宣教区与管理服务区以外，还包含了湿地体验区与风情体验区。

虽然根据各湿地公园的特色，对其提出了不同的分区形式，但无固定的模式，其布局也有显著的差异。但这样只有基本要求而无指导性规定的分区导则，无法保证生态保护的实现。实践中生态保育缺乏缓冲，公园游憩道路贯穿整个湿地公园，导致整个湿地公园的生境都受到一定程度的干扰。

## 2. 开发强度

国家湿地公园在建设内容上大体一致，但对于每一区的建设强度没有统一的要求。开发建设主要发生在科普宣教区、合理利用区与管理服务区中。科普宣教区主要是科普宣教馆与湿地动植物观赏展示相关的建设内容。合理利用区主要以水资源和文化农事资源为主题的观光和体验活动。管理服务区主要是游客接待与集散相关的建设内容。

### 5.1.2　开发利用对生态环境保护的影响

#### 5.1.2.1　开发利用对湿地生态环境的影响

湿地的开发利用与资源环境保护是国家湿地公园规划建设中面临的主要矛盾。不合理的开发利用会造成湿地环境的破坏和湿地生态系统的退化。

国家湿地公园的开发利用主要围绕生态旅游活动展开，包含了以生态旅游为主的用地开发建设活动和游客的游憩使用活动，成为国家湿地公园生态保护的主要威胁源。

开发建设以土地为基础，并通过开发地点、开发类型以及开发强度对湿地生态环境造成影响。开发建设活动使自然要素特征发生变化，引起水文以及一系列伴生过程的异常变化。开发建设通过改变地表的覆盖形式以及对土壤结构的影响，影响降水的下渗，破坏了湿地正常的水文循环。径流增加与植被覆盖减少，导致土壤侵蚀，造成河流等的严重淤积。由于植被覆盖的破坏，湿地缺少缓冲，径流中的污染物无法被截留，带着污染的径流，流入湿地中，造成湿地水质的污染，从而也破坏了自然生物的生存环境，造成栖息地的破坏，引起生物多样性的减少。

#### 5.1.2.2　开发利用对湿地水环境影响的实证分析

在湿地生态环境中，最为核心的是水环境，水是湿地能量循环与物质流动的核心载体，是连接湿地各要素的重要纽带，水环境的好坏直接影响到湿地的健康状态。因此，本章着重从湿地水环境入手，利用调研数据实证分析湿地开发利用对水环境的影响。

**1. 样本区域与描述**

1) 研究区域概况

本书选取了成都市三个湿地公园作为研究对象，分别是兴隆湖湿地公园、凤凰湖湿地公园与白鹭湾湿地公园。这三个湿地公园所处的地理位置及湿地周围环境分别具有城市性、乡村性与城乡结合性的特征，因此其在湿地公园上具有代表性，周边不同的环境特征又赋予了其用地类型的全面性。

兴隆湖湿地公园位于原双流县兴隆镇内，是成都天府新区的重大基础设施项目之一，利用鹿溪河上筑坝营造，水域面积为 $300hm^2$，蓄水量超过 1000 万 $m^3$，既是旅游观光与休闲的场所，又具有灌溉、防洪的功能，是一个综合性的水生态场所，被称为天府新区的"生态之肾"。其与周围建筑群联系紧密，且城市特征突出（图 5-1）。

图 5-1　兴隆湖周围概况

凤凰湖湿地公园位于四川省成都市青白江区，水域面积约为20hm²，其规划定位为旅游度假区，其特色体现在旅游休闲、良好的生态和水景环境，以及具有多国风情的建筑。湿地公园西南面城市特征占主导，东北面以村镇、乡村景观为主。园内游客密集，设有游船、餐饮、茶室等(图5-2)。

图5-2　凤凰湖湿地公园

白鹭湾湿地公园位于成都市锦江区三圣花乡旁，其规划占地面积为333hm²，目前已建成240hm²。公园主体由A区的白鹭洲、B区的白鹭湖和荷塘月色湖泊构成。另外，还有各种小面积湖泊6个，湖与湖之间利用宽窄不一的原有河道和人工河道串连而成，公园整个水域形成的湿地水面面积约为67hm²，湖泊内的半岛和湖心岛屿总共有8个，是一个集科普、旅游、展示、生态保护于一体的生态湿地公园。

白鹭湾湿地公园营造了一个生态、野趣、近自然化的环境，虽然在三个湿地公园中离成都市区距离最近，但周边环境乡村化特征突出(图5-3)。

图5-3　白鹭湾湿地公园

2)样本采集情况

根据三个湿地公园周边的土地利用类型结构情况，以及生态系统特征的空间差异，分别在兴隆湖、凤凰湖、白鹭湾水域周边布设了水质采样点(图5-4)。其中兴隆湖11个、凤凰湖10个、白鹭湾7个，共计28个水样采集点。由于白鹭湾现阶段在进行后期的建设，其关闭了部分路段，因此，水质采样点只设置在了人工可达的区域。于 2017 年 11 月上旬进行了采样，并将样品带回实验室处理。在参考已有相关文献[135-137]的基础上，最终选择了总悬浮固体(TSS)、溶解氧(DO)、化学需氧量(COD)、氨氮、硝态氮五个水质指标，然后按照《地表水和污水监测技术规范》(HJ/T 91—2002)进行测定。为保证测定结果的准确性，测定时对每个采样点的样品均平行检测 3 份，然后取其平均值作为最终的水质指标。

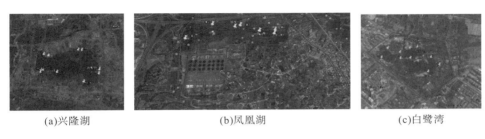

(a)兴隆湖　　　　　　　(b)凤凰湖　　　　　　　(c)白鹭湾

图 5-4　水样采集地卫星图(见本书彩图版)

另外，通过野外实地调查结果，结合已有的土地利用现状图与卫星图，得到包括道路、林地、草地、建设用地、水体的五类湿地公园土地利用类型。以采样点为中心，根据各公园的面积和实际情况，设置不同半径的缓冲区(以 50m 为间隔，结合湿地公园面积、边界的考虑，分别在白鹭湾、凤凰湖以及兴隆湖设置了以 100～200m、100～300m、100～400m 为半径的缓冲区，图 5-5)，运用归纳统计工具、Arc GIS10.1 软件叠置分析功能的交集操作工具，逐一统计出采样点对应的缓冲区范围内土地利用类型面积与面积的百分比，以分析土地利用方式对湿地水环境的影响。

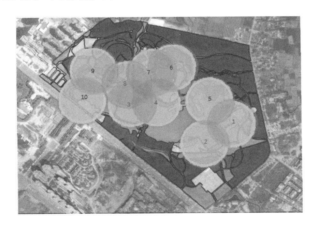

图 5-5　凤凰湖 100m 缓冲半径图

2. 水环境现状

三个湿地公园的水环境均在入水口处有明显的不良状况(图 5-6)。另外，凤凰湖湿地公园中，建筑物旁的水体也明显较为浑浊，周边植物生长状况不佳。

(a)兴隆湖                        (b)凤凰湖                        (c)白鹭湾

图 5-6   三个湿地公园的水环境状况

### 3. 数据处理与分析

#### 1）开发利用对水环境的综合影响

将三个公园的五个指标进行描述性处理，得到表 5-2。可以看出，三个湿地公园中，白鹭湾湿地公园的 COD 含量最高，均值为 25.57mg/L，兴隆湖与凤凰湖差别不大。凤凰湖湿地公园的 TSS 指标值最高，为 243.2mg/L，其余两个公园相差不大。DO 含量凤凰湖湿地公园最高，兴隆湖最低。凤凰湖氨氮和硝态氮的指标含量都是三个公园中最高的。

表 5-2   水环境指标值

| 湿地公园 | 测量值 | COD | TSS | DO | 氨氮 | 硝态氮 |
|---|---|---|---|---|---|---|
| 白鹭湾 | 均值/（mg/L） | 25.57 | 152.28 | 10.85 | 0.00 | 0.00 |
|  | 标准差 | 16.89 | 18.25 | 0.65 | 0.00 | 0.00 |
| 凤凰湖 | 均值/（mg/L） | 20.90 | 243.20 | 11.90 | 1.20 | 0.40 |
|  | 标准差 | 8.33 | 53.73 | 1.16 | 0.41 | 0.49 |
| 兴隆湖 | 均值/（mg/L） | 23.27 | 157.36 | 8.09 | 0.00 | 0.00 |
|  | 标准差 | 11.57 | 12.76 | 2.18 | 0.00 | 0.00 |
| 总计 | 均值/（mg/L） | 23.00 | 186.75 | 10.14 | 0.43 | 0.14 |
|  | 标准差 | 12.16 | 54.29 | 2.31 | 0.63 | 0.35 |

综合来看，凤凰湖的水环境质量在三者中相对较差。这可能与凤凰湖所处的地理环境和内部活动有关。凤凰湖湿地公园处于城市与乡村两种环境的复杂用地之中，水环境可能受到的污染来源途径更广，同时，它也是三个公园中唯一一个有水上活动的公园，其 TSS 指标值是三个公园中最高的，推测与其水上活动的开展有一定关系。

湿地公园的用地类型没有统一的分类，大部分学者都是根据自己的研究内容而进行界定的，如杨朝辉等[138]在土地利用类型与水质关系的研究中就将湿地公园的土地利用类型分为人工水塘、园地、建设用地、林地、自然水体、草地、道路七大类。在大多数湿地景观格局变化的研究中，学者多将土地利用类型概括为林地、耕地、水域、人工表面、草地、居民建筑、景观服务场地、原生态岛屿滩涂、河岸植被、河流道路、未利用地等类型[139,140]。在本书中，以湿地公园内的建设情况和地表覆盖类型为依据，将湿地公园的用地类型分为道路、水域、草地、林地以及建设用地。三个湿地公园周围基本用地情况见表 5-3。可以看出，三个公园中兴隆湖的水域面积比例最大，湿地率也最高。但白鹭湾湿地公园人工用地比例最小，因此自然性最高。而兴隆湖人工用地比例最高，说明该湿地公园的人工性较重。凤凰湖各项用地情况在三者中居中，符合前文描述的三个湿地公园分别具有的城市性、乡村性以及城乡结合性的特征。从以上简单的分析来看，湿地公园的水质状况受到人类游憩活动的影响较用地类型的大。

表 5-3　用地基本情况

| 湿地公园 | | 道路 | 林地 | 草地 | 建筑 | 水域 | 合计 |
|---|---|---|---|---|---|---|---|
| 白鹭湾 | 面积/m² | 45309.39 | 380332.73 | 347780.40 | 23510.19 | 161189.68 | 958122.42 |
| | 比例/% | 4.73 | 39.70 | 36.30 | 2.45 | 16.82 | 100 |
| 凤凰湖 | 面积/m² | 42274.02 | 205861.76 | 87506.90 | 42858.62 | 136636.10 | 515137.40 |
| | 比例/% | 8.21 | 39.96 | 16.99 | 8.32 | 26.52 | 100 |
| 兴隆湖 | 面积/m² | 979055.22 | 652534.69 | 1373183.00 | 2911229.00 | 2823533.80 | 8739536.43 |
| | 比例/% | 11.20 | 7.47 | 15.71 | 33.31 | 32.31 | 100 |

2）用地类型对湿地公园水环境质量的影响

当缓冲半径为 200m 时，各湿地公园的用地类型最全，因此本书以 200m 缓冲半径内的各用地类型面积（表 5-4）与水环境指标（COD、TSS、DO、氨氮、硝态氮）进行了 Pearson 相关性分析，处理结果见表 5-5。

水环境 COD 指标与道路的相关系数为 0.403，在相关系数检验的双侧 $P$ 值不小于 0.05，所以可以认为两变量间的相关关系具有统计学意义，并与道路面积呈负相关关系，即道路面积越大，COD 越低。TSS 与建筑面积在 0.05 的显著性水平上呈正相关关系，相关系数为 0.421，随着建筑面积的增大，TSS 值呈现增加的趋势，即建筑面积越大，水环境中的悬浮物越多，这与普遍的认知相符合。DO 与水域面积和林地面积在 0.01 的显著性水平上具有相关性，相关系数分别为 0.555 和 0.595，说明林地与 DO 的相关性较水域面积大，且 DO 与林地面积呈正相关关系。氨氮与草地在 0.05 的显著性水平上具有相关性，且随草地面积增加，氨氮含量减少。硝态氮和用地类型无显著相关性。

COD 是化学需氧量，主要来源于污水中的有机质、植物根系分泌物、农药和腐殖质等。参照地表水环境质量评价标准，COD 含量越高，水质越差。在上文的结果中，COD 的含量随道路面积的增加而呈现减少趋势，这可能是由于植物根系的分泌物、农药和腐殖质多来源于草地、林地，因此，当湿地公园的面积一定时，道路面积的增加，使得草地和林地的面积减少，从而减少了 COD 的来源。

表 5-4　200m 缓冲半径内各用地类型的面积　（单位：m²）

| 采样点 | 道路 | 水域 | 草地 | 林地 | 建筑 |
|---|---|---|---|---|---|
| XLH1 | 54356.11 | 7084.50 | 37227.04 | 18352.37 | 8560.99 |
| XLH2 | 39262.35 | 40111.27 | 31577.11 | 8308.38 | 6321.91 |
| XLH3 | 32698.13 | 36321.05 | 43637.32 | 11971.08 | 953.45 |

| 采样点 | 道路 | 水域 | 草地 | 林地 | 建筑 |
|---|---|---|---|---|---|
| XLH4 | 3319.46 | 93651.89 | 15093.96 | 13515.70 | 0.00 |
| XLH5 | 18330.72 | 81178.92 | 9547.31 | 8651.21 | 7872.86 |
| XLH6 | 29486.62 | 68154.24 | 11050.62 | 1544.46 | 15345.07 |
| XLH7 | 15474.71 | 67367.91 | 40750.43 | 766.76 | 1221.21 |
| XLH8 | 15002.38 | 66347.56 | 42214.02 | 2017.05 | 0.00 |
| XLH9 | 17583.82 | 45269.43 | 59740.28 | 440.11 | 2547.38 |
| XLH10 | 20356.47 | 58978.72 | 42596.79 | 3017.02 | 632.01 |
| XLH11 | 8968.43 | 59219.48 | 24824.27 | 23487.58 | 9081.26 |
| BLW1 | 4207.15 | 27488.77 | 10882.44 | 39348.51 | 0.00 |
| BLW2 | 4241.27 | 13540.79 | 56245.38 | 46561.46 | 4992.55 |
| BLW3 | 3106.76 | 11397.64 | 48257.56 | 50967.62 | 11851.86 |
| BLW4 | 5354.40 | 31675.97 | 48078.14 | 38982.06 | 0.00 |
| BLW5 | 6192.58 | 31702.50 | 33039.04 | 50217.23 | 717.04 |
| BLW6 | 7272.56 | 40596.87 | 40075.69 | 33458.73 | 4175.91 |
| BLW7 | 5098.44 | 19479.00 | 32994.53 | 49010.70 | 985.69 |
| FHH1 | 7947.92 | 33274.60 | 47745.14 | 15863.04 | 9351.95 |
| FHH2 | 5430.24 | 46806.71 | 30803.93 | 23186.63 | 19353.20 |
| FHH3 | 7071.63 | 67860.38 | 12697.70 | 26406.95 | 4295.17 |
| FHH4 | 8264.72 | 81053.50 | 8596.45 | 22226.66 | 5427.22 |
| FHH5 | 10036.07 | 52678.23 | 19223.01 | 34071.51 | 9571.89 |
| FHH6 | 12980.56 | 35428.39 | 7783.68 | 58749.27 | 6106.03 |
| FHH7 | 14506.84 | 45073.49 | 13673.69 | 47119.06 | 5195.47 |
| FHH8 | 10585.82 | 62339.83 | 15997.58 | 33008.31 | 3637.01 |
| FHH9 | 11609.14 | 30794.19 | 18856.12 | 36999.64 | 12708.48 |
| FHH10 | 7864.11 | 29413.26 | 12967.20 | 19018.89 | 6997.84 |

注：XLH 为兴隆湖，BLW 为白鹭湾，FHH 为凤凰湖。

表 5-5    用地类型与水环境指标的 Pearson 相关性分析结果

| 用地类型 | COD | TSS | DO | 氨氮 | 硝态氮 |
|---|---|---|---|---|---|
| 道路 | −0.403* | −0.183 | −0.072 | −0.258 | −0.156 |
| 水域 | 0.280 | 0.201 | −0.555** | 0.128 | 0.032 |
| 草地 | 0.135 | −0.360 | −0.046 | −0.383* | −0.363 |
| 林地 | −0.100 | 0.088 | 0.595** | 0.156 | 0.076 |
| 建筑 | −0.158 | 0.421* | 0.069 | 0.345 | 0.105 |

注：*在 0.05 的显著性水平（双侧）上显著相关；**在 0.01 的显著性水平（双侧）上显著相关。

3）土地开发强度对湿地水环境的影响

LDI 是由 Brown 等提出的，用于定量分析景观开发强度的一种方法[141]。LDI 通过对不可再生能源的使用能值来衡量活动的强度。结合土地利用分类数据与单位面积单位能耗的开发强度数据，计算得出不同土地类型的开发强度系数，即 LDI 系数。根据不同土地利用分类与其对应的 LDI 系数，即可计算 LDI 指数（$LDI_{index}$）[138]：

$$LDI_{index}=\sum \%LU_i \times LDI_i \qquad\qquad (5\text{-}1)$$

式中，$LDI_{index}$ 为湿地区域的指数；$\sum \%LU_i$ 为第 $i$ 种土地利用分类的面积占该区域土地总面积的百分比；$LDI_i$ 为第 $i$ 种土地利用分类对应的 LDI 系数。

LDI 系数处于 1～10，1 代表完全自然环境，10 代表高度开发利用环境，LDI 系数越大，说明人类干扰越大。湿地公园内主要的用地类型有五种：道路、水域、草地、林地以及建筑用地，各 LDI 系数参考中国台湾地区[142]，见表 5-6。

表 5-6　LDI 系数参考表

| 用地类型 | LDI 系数 |
| --- | --- |
| 道路 | 6.92 |
| 水域 | 1.00 |
| 草地 | 2.77 |
| 林地 | 1.58 |
| 建筑用地 | 8.66 |

通常随着空间位置的改变，土地利用与水质的关系会表现出局部变化的特征，即使在同一研究区域的不同位置，同一土地利用类型对水质的影响在大小、方向、距离上均可能表现出不同[139]。因此，本书以采样点为中心，以 50m 为间隔，考虑其湿地公园面积、边界，分别在白鹭湾、凤凰湖以及兴隆湖设置了以 100～200m、100～300m、100～400m 为半径的缓冲区，计算相应的土地利用强度，以探索土地利用与水质的关系。根据卫星图和实际场地调研的情况，在 ArcGIS 中，将场地矢量化，计算每个缓冲区中的各用地类型面积、所占比例，从而计算相应的 LDI 指数（表 5-7）。

表 5-7　采样点的 $LDI_{index}$

| 采样点 | $LDI_{100}$ | $LDI_{150}$ | $LDI_{200}$ | $LDI_{250}$ | $LDI_{300}$ | $LDI_{350}$ | $LDI_{400}$ |
| --- | --- | --- | --- | --- | --- | --- | --- |
| XLH1 | 1.74 | 1.98 | 2.60 | 3.45 | 4.12 | 4.70 | 5.21 |
| XLH2 | 3.50 | 4.36 | 4.99 | 5.30 | 5.59 | 5.84 | 6.02 |
| XLH3 | 2.58 | 3.80 | 4.56 | 5.06 | 5.34 | 5.74 | 6.10 |
| XLH4 | 9.39 | 9.12 | 8.73 | 8.44 | 8.21 | 8.00 | 7.73 |
| XLH5 | 7.33 | 7.79 | 8.09 | 8.17 | 8.06 | 7.80 | 7.61 |
| XLH6 | 7.10 | 7.27 | 7.47 | 7.55 | 7.86 | 8.21 | 8.54 |
| XLH7 | 6.95 | 6.98 | 6.99 | 7.24 | 7.40 | 7.44 | 7.38 |
| XLH8 | 7.39 | 7.09 | 6.86 | 6.88 | 7.12 | 7.20 | 7.18 |
| XLH9 | 4.83 | 5.17 | 5.57 | 5.84 | 6.22 | 6.55 | 6.80 |
| XLH10 | 6.06 | 6.20 | 6.31 | 6.50 | 6.56 | 6.78 | 7.07 |
| XLH11 | 7.45 | 7.15 | 6.71 | 6.64 | 6.67 | 6.62 | 6.52 |
| FHH1 | 3.34 | 2.96 | 2.92 | 2.96 | 2.99 | | |
| FHH2 | 2.98 | 2.81 | 3.02 | 2.99 | 2.88 | | |
| FHH3 | 1.71 | 1.74 | 2.00 | 2.17 | 2.35 | | |

续表

| 采样点 | LDI$_{100}$ | LDI$_{150}$ | LDI$_{200}$ | LDI$_{250}$ | LDI$_{300}$ | LDI$_{350}$ | LDI$_{400}$ |
|---|---|---|---|---|---|---|---|
| FHH4 | 1.77 | 1.74 | 2.00 | 2.33 | 2.38 | | |
| FHH5 | 2.48 | 2.57 | 2.56 | 2.63 | 2.50 | | |
| FHH6 | 2.52 | 2.54 | 2.51 | 2.40 | 2.26 | | |
| FHH7 | 2.25 | 2.50 | 2.51 | 2.33 | 2.26 | | |
| FHH8 | 2.14 | 2.09 | 2.17 | 2.40 | 2.53 | | |
| FHH9 | 2.38 | 2.96 | 3.08 | 3.01 | 2.88 | | |
| FHH10 | 2.79 | 2.64 | 2.85 | 2.96 | 2.85 | | |
| BLW1 | 1.86 | 1.80 | 1.86 | | | | |
| BLW2 | 2.24 | 2.34 | 2.54 | | | | |
| BLW3 | 2.76 | 2.85 | 2.81 | | | | |
| BLW4 | 2.19 | 2.23 | 2.16 | | | | |
| BLW5 | 2.01 | 2.03 | 2.11 | | | | |
| BLW6 | 2.10 | 2.44 | 2.37 | | | | |
| BLW7 | 2.19 | 2.27 | 2.20 | | | | |

注：XLH 为兴隆湖采样点，FHH 为凤凰湖采样点，BLW 为白鹭湾采样点，LDI$_i$ 表示以 $i$ m 为缓冲半径计算的 LDI$_{index}$。

以水环境指标与 LDI$_{index}$ 的数据进行散点图的制作，并采用 Loess 法的拟合线绘制，得到以下水环境指标随 LDI$_{index}$ 变化的趋势线图(图 5-7)。

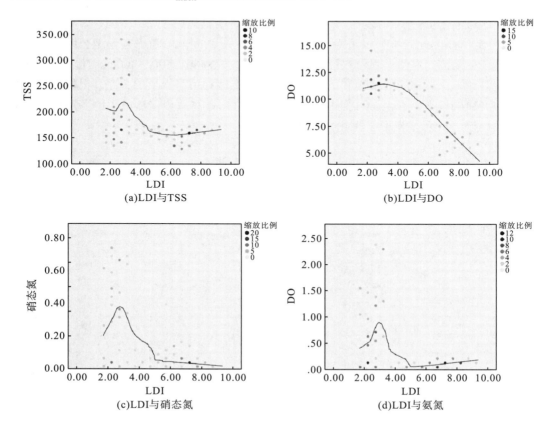

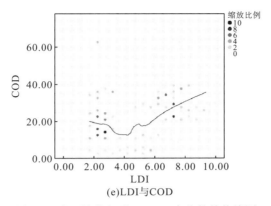

图 5-7　水环境指标随 LDI$_{index}$ 变化的趋势线图

从图 5-7 可以看出，COD 的数值整体是随 LDI$_{index}$ 的增加呈上升趋势；在 LDI$_{index}$ 为 2.5～4.2 时随 LDI$_{index}$ 的增加有减小趋势。TSS 的数值在 LDI$_{index}$ 为 2～3 时呈现上升趋势，在 LDI$_{index}$ 为 2.5～5 时随 LDI$_{index}$ 的增加而减少，在 LDI$_{index}$ 为 6～8 时随 LDI$_{index}$ 的增加呈缓慢上升趋势。硝态氮的含量在 LDI$_{index}$ 为 2.8～5 时，随 LDI$_{index}$ 的增加呈现急速减小的趋势。氨氮与硝态氮随 LDI$_{index}$ 变化的走势相似，都是在接近 3 处由随 LDI$_{index}$ 增加而上升变为下降。氨氮值在 3～5 时随 LDI$_{index}$ 升高而降低。DO 与 LDI$_{index}$ 呈负相关关系，LDI$_{index}$ 越高，DO 含量越小。

在水环境质量中，只有 DO 与水质呈正相关关系，COD、TSS、氨氮和硝态氮与水质都呈负相关关系，而在上述的分析结果中发现，这四个指标在某些 LDI 指数值区间内，都出现了随 LDI 指数值增加而下降的趋势，说明一定的开发强度对水环境质量有正向作用。

COD 的下降趋势出现在 LDI 指标值为 2.5～4.2 时，TSS 的下降趋势出现 LDI 指标值为 2.5～5 时，硝态氮出现在 2.8～5，氨氮出现在 3～5。可以推测，在 LDI$_{index}$ 处于 3～4.2 时，土地的利用开发对水环境质量有一定的正向作用。

4）结论与讨论

（1）在三个湿地公园的水环境质量比较中，凤凰湖湿地公园的水环境质量较差，水环境指标中 TSS、氨氮以及硝态氮指标含量在三个公园中最高。推测这三个指标含量与凤凰湖湿地公园的地理位置和园内活动有关。凤凰湖湿地公园处于城乡交界处，且是三者中唯一一处开展了水上活动的湿地公园。因此，其污染的来源途径更加广泛，水上活动对湿地公园水环境干扰大。

（2）在用地类型与湿地公园水环境的相关性分析中，道路面积在一定范围内对水环境的 COD 指标有影响，且随道路面积的增加，COD 指标值减小。而 COD 越大，水环境质量越差，这与道路、建筑等不透水面积的增加会造成水质下降的普遍认识相悖。出现这一现象的原因，可能是在湿地公园环境中，周围用地不似城市、乡村用地的情况复杂，且主要用地是草地及农田，而 COD 主要来源于有机质、植物根系分泌物、农药和腐殖质等，因此，当湿地公园的面积一定时，道路面积的增加使得草地的面积降低，从而减少了 COD 的来源，所以导致 COD 指标含量随道路面积的增加而减少。建设用地对 TSS 指标的影响较大，随建设面积的增加，TSS 指标含量增加。林地对 DO 值有较大影响，且随林地面积的增加，DO 值增加，说明林地对水质有一定的缓冲与净化作用。草地对氨氮的含量有一定影响，随草地的增加，氨氮的含量减少。

以上结果对于湿地公园的规划和建设具有一定的指导意义：①湿地公园的水上游憩活动对水环境的影响较大，在湿地公园的规划建设上应对水上游憩活动采取一定的管理措施，避免水上游憩对生态环境造成不可逆的影响；②林地对水质具有缓冲与净化作用，在湿地公园的开发建设中应建立适当的林地缓冲，在结构布局上构建湿地的缓冲屏障。

## 5.2  用 地 控 制

针对目前国家湿地公园中土地利用的问题，本书提出从区划结构、用地适宜性以及土地利用面积三个方面进行国家湿地公园开发建设的控制。区划结构从空间上减少了外界对湿地生态系统的干扰，用地适宜性从土地开发利用的地点、强度和本质属性对用地开发提出了要求。用地比例控制作为两者的补充，避免过度开发对湿地造成不可挽回的破坏。

### 5.2.1  区划结构与内容控制

根据岛屿生态学原理以及国内外实践经验，以保护为主题的公园建设建立了以圈层布局为主导的分区结构模式。圈层模式是指以保护区、缓冲区、开发区形成的同心圆模式。缓冲区在保护区的外层，为保护区提供了有效的生态屏障，对开发区的人类干扰起到隔离和缓冲的作用。一些国家以圈层模式为基础，建立起与自己国家相适应的自然资源保护与利用的结构体系（表 5-8）。由其分区模式可以看出，分区布局内含了对开发强度的要求，具有管理的性质，避免了盲目开发对资源的破坏。

表 5-8  美加日韩四国自然保护区的分区模式

| 国家 | | 主要功能分区 | | | |
|---|---|---|---|---|---|
| | | 严格保护区 | 重要保护区 | 限制性利用区 | 利用区 |
| 美国 | 分区 | 原始自然保护区 | 特殊自然保护区、文化遗址区 | 公园发展区 | 特别使用区 |
| | 描述 | 没有开发，人车均禁止进入 | 允许少量的公众进入，除自行车道、步行道和露营地外，无其他接待设施 | 设有简易接待、餐饮、休闲等设施和公共交通与游客中心 | 单独开辟用作采矿或伐木的区域 |
| 加拿大 | 分区 | 特别保护区 | 荒野区 | 自然环境区 | 户外娱乐区 | 公园服务区 |
| | 描述 | 不允许公众进入。非机动交通工具的进入须严格控制并取得许可 | 非机动交通工具允许进入，允许进行少量分散的且对资源保护有利的体验性活动。允许简易的、带有电力设备的住宿设施和原始的露营 | 非机动交通工具，以及严格控制下的少量机动交通工具等可进入。允许进行低密度的游憩活动，允许半原始的露营，以及设立小体量的、与周边环境协调的供游客与操作者使用的住宿设施 | 游憩体验户外集中区，可有设施，允许对自然景观进行少量的改变。允许设立小型分散的住宿设施和使用基本服务类别的露营设备 | 机动交通工具可进入。根据游憩机会安排服务设施，设有园区管理机构、游客服务中心 |

续表

| 国家 | | 主要功能分区 | | | | |
| --- | --- | --- | --- | --- | --- | --- |
| | | 严格保护区 | 重要保护区 | | 限制性利用区 | 利用区 |
| 日本 | 分区 | | 特级保护区 | 特别地区（Ⅰ类） | 特别地区（Ⅱ类） | 特别地区（Ⅲ类） | 普通区 |
| | 描述 | | 允许游人进入，维持风景不受破坏，有步行道、当地居民 | 有步行道和居民，尽可能维持风景完整性 | 有机动车道，游憩活动较多，需要调整农业产业结构的地区 | 对风景资源基本无影响的区域，集中建设游憩接待设施 | 为当地居民居住区 |
| 韩国 | 分区 | | 自然保存区 | 自然环境区 | | 居住区 | 公园服务区 |
| | 描述 | | 允许建设最基本的公园设施，以及非在此设置不可的军事、通信、水源保护等最基本的设施，允许学术研究，恢复、扩建寺院 | 以不改变原有土地类型为原则，不集中建设公园设施，允许公众进入 | | 分为密集居住区和自然居住区。设有医院、药店、便利店、美容院等服务设施，有居住建筑以及不污染环境的家庭工业 | 集中的公共设施、商业和住宿区域 |

因此，借鉴和参照有关国家对资源保护与利用的分区模式和方法，以国家湿地公园的实际情况为基础，提出国家湿地公园的保护区划应以保护区—缓冲区—开发区的圈层结构进行布局，并对每一区划进行开发强度和保护强度的制定。

从开发区到保护区的开发建设活动应逐步减少，开发建设活动对环境的干扰程度应逐步降低。立足于目前国家湿地公园的实际情况，各功能分区与区划布局的关系如图 5-8 所示。管理服务区主要用于游客的接待和集散，属于开发利用区的范畴。合理利用区以及科普宣教区的相关内容根据其项目开发利用的强度不同属于开发利用区或缓冲区。保护区下又可根据实际情况分设严格保护区、临时禁入区或恢复区。严格保护区禁止任何活动。恢复区是对于具有保护价值但又受到破坏的区域，对受到破坏的湿地生态系统进行恢复和重建，允许少量的利用（表 5-9）。

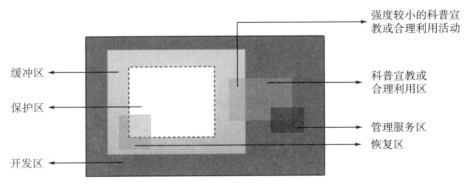

图 5-8　区划结构模式以及各区划与现行功能分区的关系

表 5-9　区划要求

| 项目 | 保护区 | 缓冲区 | 开发区 |
|---|---|---|---|
| 属性 | 生态环境敏感区域；<br>生态结构、功能完整区域；<br>生态功能重要发挥区域；<br>特殊保护价值的区域，如特殊生态资源保护区 | 非湿地、湿地流域的自然区域或半自然区域 | 非湿地、湿地流域，受城市影响大，人类活动密度大 |
| 可忍受的开发强度范围 | 低 | 中 | 高 |
| 活动强度 | | | |
| 道路密度 | 低 ———————————————————————→ 高 | | |
| 项目开发 | | | |

每一区划不必蔓延至整个分区边界，但在保护区受外界干扰的情况下，必须设立缓冲带对外界干扰进行缓冲。研究表明，12～30m 的缓冲带宽度能保护鱼类、两栖类及小型哺乳动物，能够包含草本植物与鸟类的边缘种，但多样性较低；30～60m 的缓冲带能够包含较多的草本植物与鸟类边缘性，可满足动植物前期和传播的需要；30m 以上的河岸缓冲带能起到防止水土流失、过滤杂物的作用，并能满足各类生物生境需求。因此，缓冲带以30m 以上较为适宜。

1. 保护区

保护区对具有较高生态价值或其他特殊或稀有的资源进行保护，如具有完整生态系统结构且能够提供生态系统功能服务的地区或资源，具有较高的观赏价值或稀有的特殊地形地貌等。

湿地的功能依赖于湿地生态系统的结构和组成。湿地生态系统的各组成要素以及要素之间的物质和能量的交换过程，保证了这些功能的发挥，而这又基于湿地结构的完整性。因此，应对湿地结构完整的部分进行重点保护，对受到破坏的湿地生态系统进行修复。

保护区仅进行保护监测等必要管理活动，不得进行与湿地生态系统保护和管理无关的其他活动。

2. 缓冲区

缓冲区应设置在开发区与保护区之间，利用不太敏感的非湿地与湿地流域的自然生态环境，作为脆弱又关键的生态区域的屏障。缓冲区允许较低强度的开发建设活动、生态恢复与科普教育活动。缓冲区的开发建设活动应尽量避免生态敏感、脆弱的地段，并尽量减小开发建设活动对环境的干扰。

3. 开发区

基于可持续的规划和发展，应尽量对场地的原始特征进行保留或对不良的特征进行改造。开发区应尽量根据场地的原始特征，设置在受城市影响大、交通便利、受人类干扰频繁、生态环境耐受性较高的区域。可承担管理区和部分对环境影响较大的合理利用区的功能。大型的设施和建设主要集中在该区域。但在该区域的建设和开发仍然要考虑对环境和自然生态过程的影响，因此，采用低能耗、低影响的开发和建设方式，尽量减少开发建设对环境的负面影响。开发区可以进行强度较大、人群聚集、活动强度大的项目建设，如游客集散中心、停车场、相关餐饮接待等服务设施。

### 5.2.2　用地开发控制

1. 用地开发类型划分

用地开发分类是分区开发强度控制的基础。目前国家湿地公园没有统一的用地开发类型划分，国家湿地公园的开发利用主要以生态旅游为主，建设内容以生态旅游展开。因此，土地开发利用分类主要以生态旅游项目开发作为基本依据。

生态旅游项目开发主要围绕环境资源展开，在湿地公园中重点围绕自然资源和人文资源形成了游憩观光、农事体验、休养保健等利用形式。

以国家湿地公园主要开展的活动项目为基础，以城市用地类型、土地利用现状划分作为参考，以风景名胜区的用地细分为借鉴，结合湿地公园的建设要求，提出湿地公园用地类型划分（表 5-10）。

表 5-10　国家湿地公园用地类型

| 用地类型 | | 具体说明 |
| --- | --- | --- |
| A 保护用地 | A1 特别保护用地 | 湿地自然资源保护用地 |
| | A2 恢复用地 | 湿地恢复重建用地 |
| B 游憩用地 | B1 陆上游憩用地 | 以湿地自然环境或人文历史为基底的景物、景点、景群、园院、景区等人工设施较少的用地 |
| | B2 水上游憩用地 | 以水上娱乐为主的人工设施较少的休闲游憩用地，包括配套的码头等小型配套设施 |
| C 生态旅游建设用地 | C1 旅游点建设用地 | 独立设置的旅游基地，如民俗风情街等用地 |
| | C2 游娱文体用地 | 独立于旅游点外的游戏娱乐、文化体育、艺术表演用地 |
| | C3 休养保健用地 | 避暑、康养、疗养、医疗、保健等用地 |
| | C4 购物商贸用地 | 金融、集贸市场、食宿服务等用地 |
| | C5 生产性景观体验用地 | 以农事生产养殖等为主的生态旅游设施建设用地，如休闲农庄等 |
| | C6 其他游览设施用地 | 除上述五类外，独立设置的游览设施用地 |
| D 公共管理与服务用地 | D1 管理机构用地 | 管理行政办公用地 |
| | D2 游客服务集散用地 | 游客接待中心及配套设施用地，包括集散广场等 |
| | D3 科研监测用地 | 科研监测等设施用地 |
| | D4 科普教育用地 | 用于科普教育的建设用地，如科普馆等 |
| E 交通及工程用地 | E1 对外交通用地 | 湿地公园同外部沟通的交通用地，包括停车场等 |
| | E2 内部交通用地 | E21 一级道路 |
| | | E22 二级道路 |
| | | E23 三级道路 |
| | E3 供应工程用地 | 独立设置的水、电、气、热等工程及附属设施用地 |
| | E4 环境工程用地 | 环保、环卫、水保、垃圾、污染处理设施用地 |
| | E5 其他工程用地 | 如防洪、消防防灾、工程施工养护管理设施等工程用地 |

2. 用地开发的原则

1）生态保护适宜性

用地类型承载着开发建设和人类活动，对自然环境的影响具有双重性。因此，应综合考虑用地开发本身对环境的影响以及其承载的活动对环境的影响，尽量降低对场地环境的影响，避免生态保护影响严重的选址。

2）区划要求适宜性

开发利用强度的干扰应与湿地公园区划相一致，应按照开发利用区到保护区依次减弱进行开发建设、活动设置的规划。

3）内在价值适宜性

国家湿地公园的用地开发是游客开展活动的基础，具有社会性，因此用地开发应融入社会价值的考虑，根据场地的特征以及社会价值或社会期望，选择适宜的用地开发类型。

3. 用地适宜性控制

1）生态保护适宜性

在湿地公园的开发建设中，应对场地进行详细的调查，全面了解场地的地形地貌、动植物栖息地以及水文状况。

在湿地公园中，对于开发建设较为敏感的因子主要有坡度、土壤、湿地边界、植被。坡度与土壤影响场地的排水和稳定性。坡度越大，水流对土壤的冲击力越强，越容易造成土壤侵蚀，不易开发建设。土壤质地越黏重，稳定性越好。有机质含量高的土壤分布区也不适合开发建设，易发生塌陷，且其很可能是潜在的湿地区域。湿地边界以外的湿地流域是湿地的重要组成部分，对于湿地的生态保护具有缓冲作用。此区域的开发建设会影响湿地的自然生态过程。对于植被覆盖，植被覆盖完整且群落结构完善的区域往往生态稳定性高，生物多样性丰富能发挥重要的生态功能，一旦破坏，难以恢复。因此，湿地公园的用地开发应避免在生态敏感的区域，尽量减小对湿地生态环境的影响。

2）区划要求适宜性

用地开发应与区划的要求相一致，保护区除保护和恢复用地外，不得进行建设开发，缓冲区可进行活动强度小、游憩设施少的开发建设活动。管理与服务用地、涉及大型设施建设的用地集中在开发区。表 5-11 列出了每一区域对各类用地适宜性的参考。

3）用地开发的内在价值适宜性

用地开发的内在价值适宜性选择是指用地开发的选址应与开发的需求相符。例如，陆上游憩用地以自然或人文历史为基底进行的建设活动，应选择具有独特性的自然或人文历史环境进行建设；水上游憩用地，应选择水环境质量好、景观优美的地点进行；休养保健类用地，应选择环境安静、空气清新，对身心健康有促进作用的区域进行。

内在价值的适宜性应根据用地开发提供的活动特点，以及使用者的心理需求进行选择和衡量。

### 表 5-11　用地准入性参考

| 用地区划 | 主要建设用地的兼容度 | | | | | | | | | | | | | | | | | | | | |
| --- | --- | --- | --- | --- | --- | --- | --- | --- | --- | --- | --- | --- | --- | --- | --- | --- | --- | --- | --- | --- | --- |
| | A 保护用地 | | B 游憩用地 | | C 生态旅游建设用地 | | | | | | D 公共管理与服务用地 | | | | E 交通及工程用地 | | | | | | |
| | | | | | | | | | | | | | | | E1 对外交通用地 | E2 内部交通用地 | | | E3 供应工程用地 | E4 环境工程用地 | E5 其他工程用地 |
| | A1 特别保护用地 | A2 恢复用地 | B1 陆上游憩用地 | B2 水上游憩用地 | C1 旅游点建设用地 | C2 游娱文体用地 | C3 休养保健用地 | C4 购物商贸用地 | C5 生产性景观体验用地 | C6 其他游览设施用地 | D1 管理机构用地 | D2 游客服务集散用地 | D3 科研监测用地 | D4 科普教育用地 | | E21 一级道路 | E22 二级道路 | E23 三级道路 | | | |
| 严格保护区 | ◎ | ○ | × | × | × | × | × | × | × | × | × | × | × | × | × | × | × | × | × | × | × |
| 缓冲区 | × | × | ◎ | ◎ | ○ | | ○ | | ○ | — | | ○ | ○ | ○ | ○ | ○ | ○ | ○ | × | × | — |
| 开发区 | × | × | ◎ | ◎ | ◎ | ◎ | ◎ | ◎ | ◎ | ◎ | ◎ | ◎ | ◎ | ◎ | ◎ | ◎ | ◎ | ◎ | ◎ | ◎ | ◎ |

注：× 禁止进入；○ 限制性进入；◎ 可进入。

#### 4. 用地比例控制

根据岛屿生态学原理，核心保护区具有一定面积时才具有生态保护的功能。较大面积的保护区维持的物种多，具有较高的生物多样性，能保持生态系统的稳定性。面积较小的生境，维持的物种少，容易受到外来物种的入侵。同等面积的保护区，整块进行保护好过分散保护。保护区的面积应尽量大，且相互间距离越近越好。

因此，为达到湿地生态保护的目的，应对国家湿地公园的保护区面积做出要求。从功能分区的角度，保护用地的面积应大于国家湿地公园面积的 60%，合理利用的湿地面积应控制在国家湿地公园湿地面积的 20% 以内。

对已授牌的 91 个国家湿地公园陆域面积的统计（表 5-12）可知，陆域面积最小的为 24hm²，最大的为 84340hm²。规模为小型的有 26 个，中型的有 53 个，大型的有 7 个，超大型的有 5 个。

### 表 5-12　国家湿地公园陆域面积统计　　　　　　　　　　　　（单位：hm²）

| 国家湿地公园 | 总面积 | 湿地面积 | 陆域面积 | 国家湿地公园 | 总面积 | 湿地面积 | 陆域面积 |
| --- | --- | --- | --- | --- | --- | --- | --- |
| 福建长乐闽江河口 | 282 | 258 | 24 | 重庆云雾山 | 402 | 132 | 270 |
| 江苏苏州太湖 | 230 | 204 | 26 | 黑龙江泰湖 | 1365 | 1081 | 284 |
| 北京野鸭湖 | 283 | 251 | 32 | 宁夏石嘴山星海湖 | 4300 | 4000 | 300 |
| 黑龙江新青 | 4490 | 4457 | 33 | 陕西太白石头河 | 1054 | 747 | 307 |
| 四川南河 | 111 | 68 | 43 | 广东星湖 | 998 | 679 | 319 |
| 安徽太和沙颍河 | 714 | 665 | 49 | 陕西淳化冶峪河 | 1171 | 843 | 328 |

续表

| 国家湿地公园 | 总面积 | 湿地面积 | 陆域面积 | 国家湿地公园 | 总面积 | 湿地面积 | 陆域面积 |
|---|---|---|---|---|---|---|---|
| 重庆彩云湖 | 83 | 27 | 56 | 山东寿光滨海 | 945 | 607 | 338 |
| 宁夏吴忠黄河 | 2876 | 2800 | 76 | 湖北武汉东湖 | 1020 | 650 | 370 |
| 河南淮阳龙湖 | 519 | 431 | 88 | 江苏无锡蠡湖 | 1126 | 745 | 381 |
| 贵州六盘水明湖 | 198 | 85 | 113 | 广东广州海珠 | 869 | 477 | 392 |
| 山东少海 | 613 | 499 | 114 | 江西丰城药湖国家湿地公园 | 2560 | 2150 | 410 |
| 江苏沙家浜 | 333 | 200 | 133 | 陕西西安浐灞国家湿地公园 | 798 | 385 | 413 |
| 无锡梁鸿 | 230 | 93 | 137 | 陕西宁强汉水源 | 1509 | 1081 | 428 |
| 安徽淮南焦岗湖 | 3267 | 3126 | 141 | 浙江诸暨白塔湖国家湿地公园 | 856 | 425 | 431 |
| 河北北戴河 | 307 | 164 | 143 | 山东潍坊白浪河 | 713 | 264 | 449 |
| 陕西千湖 | 573.2 | 418 | 155.2 | 湖南宁乡金洲湖 | 1838 | 1377 | 461 |
| 扬州宝应湖 | 540 | 374 | 166 | 陕西铜川赵氏河 | 1315 | 797 | 518 |
| 四川邛海国家湿地公园 | 3729 | 3560 | 169 | 陕西丹凤丹江 | 2028 | 1454 | 574 |
| 陕西三原清峪河 | 1070 | 877 | 193 | 江西孔目江 | 1295 | 677 | 618 |
| 江苏太湖三山岛 | 625 | 417 | 208 | 湖南千龙湖 | 915 | 235 | 680 |
| 江苏三山岛 | 625.1 | 417 | 208.1 | 山东台儿庄运河 | 2592 | 1900 | 692 |
| 山东滕州滨湖 | 763 | 549 | 214 | 贵州贵阳阿哈湖 | 1218 | 473 | 745 |
| 重庆汉丰湖 | 1303 | 1089 | 214 | 内蒙古白狼洮儿河 | 1135 | 380 | 755 |
| 浙江西溪 | 1008 | 756 | 252 | 江西修河 | 4342 | 3577 | 765 |
| 山东蟠龙河 | 565 | 298 | 267 | 江西修河源 | 4342 | 3577 | 765 |
| 湖南五强溪 | 20614 | 19789 | 825 | 湖北宜都天龙湾 | 1240 | 461 | 779 |
| 陕西旬邑马栏河 | 2020 | 1190 | 830 | 重庆酉水河 | 2891 | 2078 | 813 |
| 吉林大安嫩江湾 | 2441 | 1573 | 868 | 湖北神农架大九湖 | 5084 | 1645 | 3439 |
| 浙江丽水九龙 | 1416 | 520 | 896 | 浙江德清下渚湖 | 3739 | 115 | 3624 |
| 安徽迪沟国家湿地公园 | 2800 | 1900 | 900 | 黑龙江太阳岛 | 12408 | 8143 | 4265 |
| 河南郑州黄河 | 1359 | 457 | 902 | 湖北赤壁陆水湖 | 11800 | 6046 | 5754 |
| 辽宁铁岭莲花湖 | 2442 | 1500 | 942 | 湖北麻城浮桥河 | 9400 | 3596 | 5804 |
| 陕西丹凤县嘉陵江 | 2556 | 1580 | 976 | 湖南吉首峒河 | 9253 | 2850 | 6403 |
| 安徽太平湖 | 9850 | 8860 | 990 | 西藏多庆国家湿地公园 | 32720 | 26198 | 6522 |
| 黑龙江富锦 | 2200 | 1200 | 1000 | 浙江衢州乌溪江 | 12399 | 2827 | 9572 |
| 浙江长兴仙山湖 | 2638 | 1637 | 1001 | 湖南水俯庙 | 21266 | 10694 | 10572 |
| 云南洱源西湖 | 1354 | 353 | 1001 | 安徽太湖花亭湖 | 21841 | 10000 | 11841 |
| 湖北荆门漳河 | 11880 | 10816 | 1064 | 湖南东江湖 | 48039 | 16305 | 31734 |
| 宁夏黄沙古渡黄河 | 3244 | 2131 | 1113 | 西藏当惹雍错 | 138174 | 82669 | 55505 |
| 江西东鄱阳湖 | 36285 | 35116 | 1169 | 新疆赛里木湖 | 130140 | 45800 | 84340 |
| 四川构溪河 | 3018 | 1808 | 1210 | 江苏姜堰溱湖 | 2600 | 1081 | 1519 |

续表

| 国家湿地公园 | 总面积 | 湿地面积 | 陆域面积 | 国家湿地公园 | 总面积 | 湿地面积 | 陆域面积 |
|---|---|---|---|---|---|---|---|
| 宁夏银川 | 3334 | 1990 | 1344 | 江西东江源 | 2676 | 547 | 2129 |
| 江西南丰傩湖 | 1727 | 373 | 1354 | 西藏嘉乃玉错 | 3505 | 1264 | 2241 |
| 湖南攸县酒埠江湿地公园 | 2613 | 1121 | 1492 | 广东乳源南水湖 | 6284 | 4010 | 2274 |
| 河北坝上闪电河 | 4110 | 801 | 3309 | 辽宁辽中蒲河 | 8142 | 5272 | 2870 |
| 湖北蕲春赤龙湖 | 6667 | 3533 | 3134 | | | | |

由于国家湿地公园不同于一般公园,其水域面积比例较大;与城市湿地公园相比较,国家湿地公园对生态保护的要求更高,因此参考一般公园以及城市湿地公园规划的相关规范,对国家湿地公园的绿化、管理建筑、游憩和服务设施、园路及铺装场地的用地比例做出要求,具体见表 5-13。

表 5-13　国家湿地公园用地比例要求

| 陆域面积/hm² | 类型 | 保护区/% | 缓冲区/% | 开发区/% |
|---|---|---|---|---|
| <500 | 绿化用地 | 100 | >85 | >80 |
| | 游憩、服务、功能性建筑 | — | <0.5 | <1 |
| | 园路及铺装场地 | — | 3~6 | 5~8 |
| | 管理建筑 | — | <0.3 | <0.5 |
| 500~1000 | 绿化用地 | 100 | >90 | >85 |
| | 游憩、服务、功能性建筑 | — | <0.6 | <0.8 |
| | 园路及铺装场地 | — | 3~6 | 5~8 |
| | 管理建筑 | — | <0.3 | <0.5 |
| 1000~5000 | 绿化用地 | 100 | >90 | >90 |
| | 游憩、服务、功能性建筑 | — | <0.3 | <0.5 |
| | 园路及铺装场地 | — | 2~5 | 3~6 |
| | 管理建筑 | — | <0.1 | <0.3 |
| >5000 | 绿化用地 | 100 | >90 | >90 |
| | 游憩、服务、功能性建筑 | — | <0.3 | <0.3 |
| | 园路及铺装场地 | — | 2~5 | 3~6 |
| | 管理建筑 | — | <0.1 | <0.3 |

# 5.3　小　　结

开发利用是国家湿地公园生态保护的主要威胁源,开发建设通过其位置布局和开发强度对自然环境产生不同程度的干扰。本章首先对国家湿地公园用地开发的布局和强度现状进行了梳理,国家湿地公园的分区以功能为导向形成了相对一致的分区形式:保护区、恢复区、科普教育区、合理利用区以及管理服务区,以及相对一致的建设内容。总规制定了原则性的分区以及建设内容的要求，但在实践中由于没有形成有效的保护空间组织形式，开发强度与建设强度界限模糊，导致湿地保护的效果不佳。

通过对三个湿地公园水环境质量的调查和分析，实证性地分析了湿地公园的开发建设对水环境的影响，实验结果对用地开发的规划建设具有一定的启示作用：水上活动对于水环境的影响大，在湿地公园的规划建设上应对水上游憩活动采取一定的管理措施，避免水上游憩对生态环境造成不可逆的影响；一定的缓冲地带对建设开发带来的水质问题有一定的缓解作用，应在用地布局上建立起开发与保护的缓冲带。

在上述分析的基础上本书提出从空间组织形式、用地开发选址以及用地开发强度上对国家湿地公园的用地进行控制。

在空间组织形式上形成以保护区—缓冲区—开发区的圈层式为主的区划模式，生态保护区与开发区之间应有缓冲带降低开发区对生态保护的影响。并从现今国家湿地公园的开发利用情况出发，解释了区划模式与其的空间关系，对每一区划的功能目标、内容要求进行了解释和说明。

在选址上应在全面了解国家湿地公园场地基本情况的基础上，要求用地开发应与生态保护相适宜，避开湿地公园的敏感地带，减小对湿地公园生态环境的影响；与功能区划相适宜，大型建设用地应设置在外围开发带，缓冲区可进行少量的建设活动，开发建设强度应从开发区向与保护区紧邻的缓冲区逐渐递减；用地开发选址还应与自身的功能相适宜，在符合生态保护和区划的要求下，尽可能满足自身的功能价值。

在指导性原理和相关规范的基础上，对保护区划的面积做出了要求。参考一般公园以及城市湿地公园相关设计规范，从国家湿地公园的情况出发，对每一区划的绿化面积、管理建筑面积、游憩服务功能性建筑以及园路铺装场地的用地比例提出了相应的要求。

# 第6章　国家湿地公园的生态恢复规划控制

人类社会在生产发展的历史中形成了与湿地的紧密联系，但随着越来越多地对湿地不合理的开发利用，造成湿地退化。为防止湿地生态功能的进一步丧失，恢复退化湿地已经成为湿地保护的重要内容之一。为科学恢复湿地，充分发挥湿地公园的多重效应，本书针对国家湿地公园生态恢复规划的主要内容：水体恢复、水岸恢复以及野生动植物栖息地恢复，在对相关理论指导和案例进行归纳总结后提出相应的具有可操作性的引导。

## 6.1　生态恢复的实践案例分析

### 6.1.1　韩国光州川综合恢复项目

光州川流经龙湫溪谷，是一条穿越城市的河流。受生活污水、工业废水的严重污染，加上人为影响，导致出现水量减少、泥沙淤积、河床变浅、河流功能丧失等问题。随着生态问题的突出，公众对其的关注逐渐增加，光州川在2004年开始了恢复工作。

恢复工作首先对市民意见进行了调查，并对光州川进行了全面的考查，在此基础上制定了河流的恢复方案。基于光州川的地形特点以及周围环境特征设定了三个恢复主题：自然河流的上游区域、文化河流的中游区域以及生态河流的下游区域，并形成了与此对应的恢复目标(图6-1)。上游区域对河流进行生态恢复，恢复河流的生态功能。中游区域形成生活文化的休闲空间。下游区域对自然生态进行保护。

1. 河道恢复

上游河段保留了原有植物的群落，恢复河边湿地，恢复河流水文与高水位区域的连接，维持高水位的生态系统。中游河段根据地形和水位状况，建造高水护堤和低水护堤。低水护堤运用天然石基、自然护岸等在水岸自身稳定、保障安全的基础上，为动植物创造栖息空间。在高水位空间进行水岸绿化，在增加景观性的同时为公众提供休闲的临水空间(图6-2)。下游河段限制人工设施的建设，最大程度地保护自然沙洲与自然原型水岸。通过引水保证光州川的水量和流动性，恢复河流的生态功能。

2. 栖息地恢复

改造水岸，利用生态护岸代替水泥护岸。生态护岸使用多孔的天然材料、树木、石料等为鱼类提供栖息场所。通过浅滩、多段式跌水措施、护栏等为鱼类提供多样的栖息环境。浅滩和多段式跌水增加了水流的变化，为富氧曝气和微生物提供条件。恢复工作采用了浸水框和木桩两种护栏形式，浸水框中填沙石形成多孔的空间，并在其中种植水草，减缓水流速度，为鱼类的栖息提供条件。水桩护栏设置在离护岸一定距离处，并在其内铺设巨石，减缓水速，新增鱼类生境。

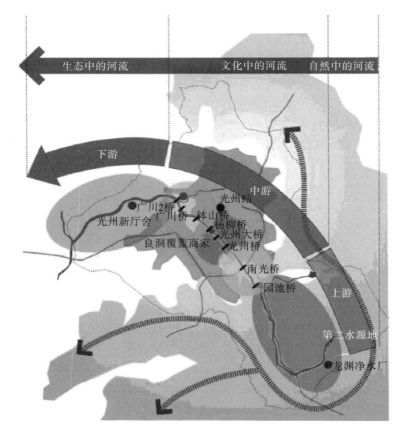

图6-1 光州川恢复规划[143]

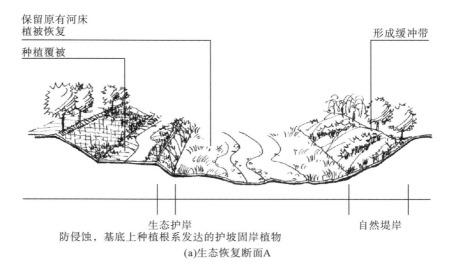

(a)生态恢复断面A

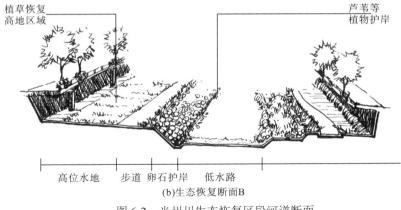

图 6-2　光州川生态恢复区段河道断面

在保护原有植物群落、自然生境的基础上，构建植物缓冲带和人工河岸湿地，恢复鸟类栖息地。金光川栖息地恢复措施见表 6-1。

表 6-1　金光川栖息地恢复措施

| 分类 | 方法 | 措施 |
|---|---|---|
| 鱼类 | 保证河流水系的连续性、形成上下游鱼类移动通道 | 多孔植被护岸 |
| | 保护作为鱼类流入源的上游<br>改善水环境、提供多样栖息地<br>制造水边树荫、防止水温过度上升<br>保护、提供产卵等繁殖地 | 浅滩<br>多段式跌水<br>护栏 |
| 鸟类、昆虫、两栖类 | 保证食物来源、提供隐蔽空间 | — |
| | 恢复、营造洼地、湿地、沙地 | — |
| | 提供河岸植物、灌木、乔木树林，营造植物缓冲带 | — |

注：根据相关资料整理[144]。

### 3. 植物栽植

光州川恢复项目的植物种植主要根据不用的区域、考虑植物的功能性以及环境的适宜性进行种植。种类上主要选择在光州川流域生存的植被。在生态恢复的功能上形成群落自然生长的景象，并选用可供鸟类、哺乳动物栖息的树种。从环境特征上，主要选用符合主题功能的植物，如提供绿化、制造树荫、护坡等，并考虑景观性（表 6-2）。

表 6-2　光州川不同环境的引进植物种类

| 类型 | 范围 | 引进植物 |
|---|---|---|
| 高水位区域（水边） | 低水护岸、水边 | 荻、蒲苇、狼尾草、爬苇、银芽柳等 |
| 高水位区域（绿荫地） | 各种设施利用率较高的场地周边 | 柳树、大叶白蜡、茶条槭等 |
| 低水护岸部分 | 低水护岸 | 细柱柳、爬苇、芦苇、荻、香蒲、菰、银芽柳等 |
| 上游区域 | 低水路 | 花菖蒲、黄菖蒲、千屈菜等 |
| 堤坝部分绿荫栽植及行道树 | 江河汇流处、龙山桥—校洞桥 | 山樱花、榉树、栎树、赤杨等 |
| 协调人工建筑物栽植 | 广川 2 桥—龙山桥（市中心） | 地锦、细柱柳、野蔷薇、单瓣李叶绣线菊等 |

注：根据相关资料整理[144]。

### 6.1.2　消落带生态工程恢复

由于防洪、清淤及航运等需求,三峡水库夏季实行低水位运行,冬季高水位运行,因而在库区两岸形成涨落幅度巨大的水库消落带。消落带生态环境条件特殊,生态系统、地理格局的变化引起了一系列(如生物多样性减少、水质污染、库岸不稳定引发地质灾害等)生态环境问题。相关专家在对消落带的自然资源、生态环境特征、经济社会文化等进行研究的基础上,提出了生态资源友好利用的恢复模式,综合运用了诸如基塘工程、鸟类生境工程、生态浮床工程、林泽工程等生态恢复工程技术。

源于中国传统农业塘基上种桑树、果树等,塘内养鱼,基塘互相促进的模式而提出的基塘工程,即在水库消落带平缓的区域,构建水塘系统,种植具有观赏价值、经济效益的植物,一方面拦截陆域高低地表径流携带的营养物质,另一方面,在水淹季节对其进行收割,发挥其经济价值,并避免了其在水下厌氧分解而造成的二次污染。鸟类生境工程通过构建多样的生境斑块,连通水系,结合微地貌改造、植物群落配置、水岸及高地鸟类庇护林建设为鸟类提供隐蔽的环境、生活场所。生态浮床技术能够灵活调节其作用位置、更换植物种类,可充分发挥环境净化、景观美化的功能,当水位削减时可与基塘构成塘—床复合湿地生态系统,发挥"稻鱼"共生的经济效益和生态智慧。林泽工程通过选取一定高程范围的带状区域,种植具有耐水淹、较高经济价值的乔木、灌木形成林木群落,起到生态缓冲与景观美化的功能。

### 6.1.3　案例分析与总结

#### 1. 自然与社会发展的系统性思想

生态恢复应具有系统性的思想,综合考虑自然与社会的关系,以系统性构思促进自然与社会的协调发展。

光州川综合恢复项目中,考虑了自然与社会的融合,根据不同地形以及水位状况营造了不同的空间类型,在低水位运用天然石基、自然护岸或自然沙洲的保留为动植物创造了栖息的空间。在高水位通过绿化和适当的改造形成不同的临水空间,提供休闲娱乐的场所。三峡消落带生态工程恢复中,将湿地的自然生态恢复与当地经济生产和发展相结合,在恢复技术中融入传统的农业生产方法与思想,使生态问题得到改善的同时,能够使经济与社会效益也得到一定程度的发挥。

#### 2. 自然与社会文化的协调

生态恢复应综合自然与地域文化特征,有针对性地制定目标,采取措施。

光州川综合恢复项目中,方案考虑了不同河段周围的自然与人文环境特征,分段制定了恢复目标。并结合具体的河道状况、空间环境特征以及功能性、景观性的考虑进行植物的配置和种植。

在三峡水库消落带的恢复中，基塘工程中融入了对地域文化、农业生产的思考，林泽工程也是建立在对场地自然特征的充分掌握和了解之上，选择能够与其自然特征相适应的植物品种。

3. 综合采取各种措施进行栖息地的恢复

栖息地的恢复需要综合采取措施，为动植物提供多样的栖息环境。总结起来主要分为两个方面，一是保证食源，二是提供不同的活动环境类型。例如，光州川案例中通过利用天然护岸材料形成的孔洞为鱼类提供栖息场所，以护栏减小水流速度，为鱼类提供了栖息条件，以多段跌水措施制造曝氧环境为微生物提供生长条件，从而为鱼类提供了食源等。在鸟类栖息地的恢复上，通过构建人工湿地、植物群落、高地缓冲带等为鸟类庇护林建设提供基础，从而为鸟类提供隐蔽的环境、生活场所。

# 6.2　生态恢复的基本原则

(1) 针对性。全面了解引起湿地退化的原因，制定恢复目标，有针对性地采取恢复措施。湿地在排除外力干扰的条件下是可以被恢复和重建的，但若外力干扰没被解除，湿地的退化趋势将难以得到遏制，就会丧失恢复和重建的效果。因此，应以有针对性为原则，找准目标和对象，做到有的放矢。

(2) 地域性。不同地域具有不同的气候条件、地形地貌，这些都可能成为湿地恢复的限制因素。正是因为地域的差异，湿地恢复的技术和措施也表现出一定的差异性。因此，应根据具体的湿地水文条件，因地制宜地采取恢复措施。

(3) 系统性。生态系统之间存在物质和能量的交换，应将湿地公园的问题放在更大的生态系统中审视湿地的保护问题。从系统的层次出发，指导湿地恢复。以适当的人工引导，促进自然的可持续发展。

# 6.3　水体恢复规划控制

## 6.3.1　水体恢复面临的问题与特点

当前，我国国家湿地公园的水体问题较为突出。随着我国经济的发展，城镇化发展的进程加快，人民生活水平大幅度提高，工农业以及城市污水排放总量逐年增大，且绝大部分未经处理直接排入河流，造成全国 700 多条河流中，近 50 条河流严重污染。这些污染直接威胁着国家湿地公园的水体质量。

国家湿地公园的水体问题除工农业、生活污水直接排放而造成的污染外，来自上游修筑水坝或过度用水导致的湿地水量不足也很常见；上游的过度开发导致水土流失，造成河道淤积；农业围垦等也是湿地水体可能出现问题的原因(表 6-3)。

表 6-3　国家湿地公园的水体问题及治理措施

| 国家湿地公园名称 | 水体问题 | 措施 |
|---|---|---|
| 新疆博斯腾湖 | 区域气候蒸发量大、生活污水、工业废水的直接排放；水库建设、水量季节性变化控制难度大；上游生活用水量大；生态位下降 | 疏通供水补给渠道；推行节水灌溉；预处理系统；植物恢复；低等动物、微生物恢复 |
| 西安浐灞 | | 引水蓄水池建设；收集村庄污水，作为湿地水源；污水处理厂引水；微地形处理，水流高差设计；生物净化水质(建立人工湿地系统) |
| 大汤河 | 污水排放；侵蚀严重，河道淤积 | 控制水系污染源；水系规划；监测水源；连通池塘结合地形改造，引水；湿地植被恢复、预处理系统恢复，建设生态滞留塘 |
| 蟠龙河 | 污水排放 | 控制污染源；加强污水处理厂的建设；水坝水闸保证用水来源；以生物修复为主，以污染河水的预处理工艺、建设生态滞留塘为辅 |
| 郑州黄河 | | 营建核心区边缘缓冲带，构建点线面结合的丰富湿地景观系统；开挖水塘，增加水道弯度，增加水道长度，减缓水流速度；用人工湿地处理；人工干预的方式恢复和重建用于污水净化的湿地系统，借用原有废弃鱼池地貌改造底层基质，配置种植对污水净化能力强的水生植物 |
| 重庆濑西河 | 农业污染、生活污水排放 | 控制河道入船数量；农业轮作提高土壤渗透率；定期疏浚；以湿地植被恢复为主，以水体预处理工艺、建设生态滞留塘为辅 |
| 安丘拥翠湖 | 水质污染；挖沙—生态系统破坏；旱灾 | 洪闸控制；连通各水塘渠道 |
| 浙江玉漩门 | 水库区问题：盐碱化基底；上游河段污染严重；水体纳污容量饱和；工业污染、生活污染直接排入；过度围垦；水产养殖密度过高 | 外源污水排放治理；淡化库区水体；内源污水控制(截污纳管，完善公园环卫设施，园区内生态种养殖，生物净化处理，疏浚污泥，水上交通污染控制)；生态浮岛；湿地净化和生物净化等措施 |
| 上海崇明滩 | 挖渠引水、修筑水闸控制水位 | 人工干预、构建人工湿地；借用原有废弃鱼池地貌改造底层基质、配置植物构建湿地 |

　　物理处理、化学处理和生物—生态处理技术是目前用于水环境治理的最为主要的技术。物理、化学处理技术虽然见效快，但容易引起水环境的二次污染。生物—生态技术由于具有修复成本低、生态可持续的特点，在水体恢复中得到了广泛使用，且已有较为成熟的方法和技术，如人工湿地、人工浮岛等。生态技术结合生态工程是国家湿地公园水体恢复的主要措施，生态技术中又以植物恢复为主。植物在生态修复中发挥了关键性的作用，植物通过自身及其与湿地生态系统的能量转换，净化水环境，某些植物对于水环境中的污染物有特别的吸附作用。

　　水体的修复和恢复首先在于了解水体受到破坏和威胁的原因，以及受损的具体情况，根据受损状况、受损程度，结合周围环境状况、经济条件等制定修复和恢复计划，选择修复和恢复技术。

### 6.3.2　水体恢复措施引导

**1. 水系恢复措施**

国家湿地公园中，水量及水源是个重要问题。湿地水文是湿地生态系统得以健康运转的基础。其中水量和水流是湿地水文的两个关键要素。湿地生物的正常生长需要一定的水量，学术界将这样的水量称为生态需水量，即为了维持湿地生态系统平衡所需的水量。水又是湿地生态系统中物质迁移的媒介，水流控制着湿地生态系统与外界的物质、能量、信息的交换和流动，维持生态系统正常的物质能量平衡。

水文恢复的关键在于湿地的水量和流动性，湿地的恢复是个综合性的问题，应全面调查，分析问题来源，科学计算湿地的需水量，制定恢复目标，并采取相应的恢复措施。针对湿地水系的主要问题，本节对对应的措施进行了总结。

1）引水补水

对于水量补给不足的问题，可采用生态工程，如利用水闸蓄水、沟通水系等，对湿地进行引水。若水源较远，可采用地下管道或水泵抽水等方式引水。若水源较近，可通过挖渠引水。除此之外，结合雨水处理系统、污水处理系统的规划，将雨水和污水作为湿地水源也是有效且可持续的补水方式。

2）疏浚清淤

对于泥沙沉积、河道阻塞或水体沼泽化的情况，可采取疏浚清淤、河流梳理沟通措施进行治理。可配合泥沙拦截，但泥沙拦截设施容易阻断生物的迁徙与洄游，因此，应注意设置拦截的位置或沟通其他水渠保证水体间生物的交换。

3）生态结构恢复

由于农业围垦等造成的湿地功能退化，可采取"退田还湿"的生态改造措施，进行湿地或河道地再自然化，包括对鱼塘岸线的整体恢复、恢复曲折岸线等。

**2. 水环境恢复措施**

水环境污染问题的成因主要来自三个方面：点源、非点源等外源性污染，底泥等内源性污染，水体连通性阻断或水量不足导致的水污染加剧。点源污染来自排污口的污水排放，具有定点性，便于控制和处理。坡面径流带来的污染物和农田灌溉是水体污染的重要来源，具有分散性高的特点。外源污染是内源污染的重要来源，影响内源性污染的因素较多，控制较为困难。

对于外源性污染，首先需从源头上控制，在过程上治理。对于点源污染，首先从源头上禁止其直接排入湿地，可通过构建人工湿地对水质污染进行治理。对于非点源污染，可通过建立缓冲带，减小外源污染对湿地水体的污染。内源性污染可通过清淤，并与湿地生态系统中各种生态群落的综合作用而进行恢复。对于水体连通性受阻的情况应结合生态工程、梳理沟通河道，重新建立湿地水体的流动性。

湿地水体的恢复应按照"源头上控制，过程中削减，末端处理"的模式开展，水环境的恢复以生态技术为主，但长期维持还要靠管理。建管并重才是恢复湿地水体的可持续之道。

1）源头控制措施

对于污染的源头，应采取强制措施，健全水资源保护法规。改变污水的处理方式，禁止污水直接排放。对于湿地公园周边的社区可结合生态技术对社区进行改造，如周围的村镇结合乡村建设、改变污水的排放方式、进行中水处理系统的建设等。

2）过程削减措施

过程上削减，从原理上即增加水体的自净能力，如利用跌水堰，增加水体溶解氧，降低流速、沉淀污染杂质。滨水缓冲带通过植被的缓冲和拦截，起到增加水体自净的效果。其能有效沉淀污染物，削减径流污染，对雨水的下渗、蓄积以及过滤都起到了积极作用。同时，一定宽度的滨水缓冲带还具有生态走廊的意义，为动物的迁移、栖息提供了场所。同时，可结合其他低影响技术措施，如生物滞留池等在过程中进行污染物的处理。

3）末端治理措施

在岸边或水质较差的区域设置泡塘或通过人工湿地的构建，进行污水处理。利用湿地土壤、湿地植被、微生物等的相互作用，实现对污染物的降解。

**表6-4　主要水系恢复和水环境恢复措施**

| 水系恢复 | 水环境恢复 |
| --- | --- |
| 引水补水 | 源头控制：健全水资源保护法规、改变污水的处理方式 |
| 河道疏浚 | 过程削减：增加水体自净能力，如修建跌水堰、缓冲带、生态浮岛等 |
| 重建生态结构 | 末端治理：湿地泡塘、人工湿地、生态浮岛等 |

### 6.3.3　水体恢复规划引导

水体恢复应从系统的角度出发，沟通水系网络，增加水流的复杂性，保证湿地的水源和流动性；根据地形，结合排水方向，构建多级水体自净综合利用系统，形成水体恢复和循环利用的综合网络。

1. 沟通水系网络，增加水流的复杂性

进行水系梳理，沟通内部水系与外部水系间的连接，增加湿地与水系的联系。结合水动力原理，增加水流的复杂性，如增加河岸的曲折变化、增加河道结构的复杂性。利用跌水堰或河床石质阶梯，营造河床的坡度变化，破坏水流，增加水流变化、水体与氧气的接触时间。

很多农田、鱼塘型湿地内部河道纵横密布，但由于常年淤积，岸线单一笔直。西溪国家湿地公园和沙家浜国家湿地公园等都通过梳理内部河道，沟通其与周围的水系，调整岸线形态，使其形成深浅不一，类型多样的浅滩，既丰富了湿地生境，也增加了滞洪空间（图6-3）。

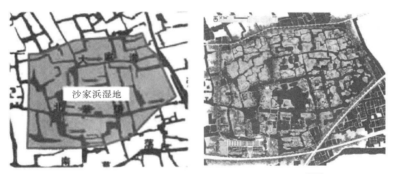

图 6-3　沙家浜国家湿地公园的水系肌理[145]

2. 根据排水，构建多级水体自净综合利用系统

从雨水径流或污水流动的源头、过程和末端入手，结合湿地公园的地形和排水方向，利用植被缓冲带、生物滞留塘、生态浮床等生态技术形成多级自净网络，综合规划水体资源的利用途径，如结合雨水收集、雨污处理等补充湿地水流来源或作为公园内其他用水，增加水体的循环利用率。

美国阿卡迪亚国家公园的一处沿海场地，利用地形，根据排水的路径，通过铺设碎石渗透沟、植物群落恢复、构建植被过滤带，组织了场地的雨水处理系统，使雨水径流在入海的过程中得到自净(图 6-4)。

图 6-4　阿卡迪亚国家公园场地排水组织[146]

　　水体的流动性和贯通性使建立系统性的水体恢复网络十分必要。美国的密西西比—俄亥俄—密苏里流域受到来自农业的严重污染。其在实行管理措施以及建立截留系统外，还在相应的区域设置了农业径流湿地和河流缓冲湿地，形成了水系恢复的网络系统，使该流域环境得到了明显的改善。

　　国家湿地公园的湿地恢复虽在较小的尺度上进行，但在理念上应形成系统性的网络结构，明确湿地在整个系统中所处位置，与周围的自然与人工系统相连接，构建湿地恢复的结构网络，驱动城市的发展和自然生态系统的良好循环(图6-5)。

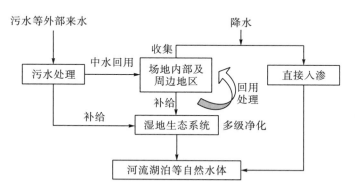

图 6-5　湿地水体综合利用系统构建

# 6.4　驳岸规划控制

## 6.4.1　驳岸改造原则

　　水岸具有调节水位、补给水源，为湿地提供缓冲，为生物提供栖息地的功能。水岸本应是湿地结构的一部分，但由于其邻近水域优渥的自然条件，常在城市开发中受到侵占，在农业生产中遭到围垦，在防洪或排水的作用下被硬质化。硬质化的驳岸阻断了横向的自然过程，且由于缺少植被的缓冲，大量的污染物直接进入湿地，造成湿地水环境污染，导致生物死亡。

　　驳岸的问题主要来自自身形态和结构在外力干扰下引发的稳定性问题和生态问题。如陡峭的驳岸植物不易生长，地质稳定性差，容易造成坡岸崩塌、侵蚀；人工硬质化的驳岸切断了自然水文的连接，造成河岸蓄水能力丧失，导致雨洪季节径流汇水时间加速，引起下游洪水泛滥。驳岸改造应遵循稳定性、功能性与生态性原则进行。

　　1. 稳定性

　　稳定性是驳岸改造的首要基础，自身结构(如坡度、土壤结构)以及自然重力、水体冲刷等外力都是其稳定性的威胁来源。在规划设计中应对驳岸结构与环境的作用特点，如与水流的作用状况，进行综合分析和研判。

## 2. 功能性

驳岸改造应综合考虑其功能需求，根据功能需求选择改造形式和材料。例如，有防洪需求的驳岸的改造应有加固措施，有游憩需求的驳岸应具有亲水性和景观性。

## 3. 生态性

驳岸处于水陆交接的地带，是水生系统和陆地系统能量和物质交换的关键地带，改造方式应减小对湿地生境的干扰，并从完善生态系统结构、提供多样生境出发，促进良好生态系统循环。应充分尊重环境的自然条件，如地域特征、季节水位变化等，表现在应因地制宜地采取改造措施，拒绝照搬不符合场地特征的改造形式，本土植物、本地材料或废弃材料等的使用应符合要求。

### 6.4.2　驳岸改造规划引导

国家湿地公园的驳岸改造以软质驳岸为主，局部考虑硬质驳岸。自然原型驳岸、自然型生态驳岸以及人工型驳岸是国家湿地公园中常用的三种类型。

坡岸较缓的岸坡可采用自然原型驳岸，以草皮或石块堆积。在水岸较宽、水体较浅的水岸，可利用水生植物(如芦苇)恢复堤岸。

自然型生态驳岸根据坡度特点，又可使用植桩护岸、抛石护岸等。植桩护岸适于坡度较陡的水岸，配合根系发达的植物，可以很好地减缓水流、防止水岸侵蚀。抛石护岸适合中低流速、岸坡角度不大的区域。砌石驳岸能有效防止冲刷，且砌石间的缝隙还能为湿地生物提供栖息的环境。在水岸较窄、水深较深的水岸可采用砾石堆砌或石笼的护岸，在护坡的同时为微生物和小鱼虾提供栖息场所。

对于具有游憩作用或亲水性驳岸，可采用人工阶梯式驳岸或以人工驳岸结合亲水栈道的设计。

不同坡度的驳岸在不同水深下应采取的措施见表 6-5。

表 6-5　水深与适宜的固岸材料

| | 水深 | 主要措施 |
| --- | --- | --- |
| 斜坡式 | >1m | 抛石护岸(如岩石砾石)<br>石筐沉排 |
| | 0.5m～1m | 土工织物保护结构物和低矮植墙<br>立插木桩护岸<br>石笼 |
| | <0.5m | 芦苇河床 |
| 直立坡 | >0.5m | 修建挡土墙：混凝土砌块 |
| | <0.5m | 修建挡土墙：石筐、木笼<br>植被/复合护岸：橡胶轮胎 |

## 6.5　野生动物栖息地恢复规划控制

### 6.5.1　规划控制原则

湿地多样的生境,为湿地动物创造了条件。其特殊的自然环境和地理位置成为水禽的重要生活场所。在对多个国家湿地公园中的栖息地恢复措施(表 6-6)的梳理中发现,栖息地的恢复以鸟类生境恢复为主,配合禁渔工程以及植被的恢复。

野生动物栖息地恢复的规划除要遵循生态恢复的基本原则外,还应强调多样性原则。多样的生境条件是野生动物栖息的基础,动物栖息地包括其捕食和繁殖的场所,因此,应完善其捕食生物链,满足动物多样的栖息地需求。

**表 6-6　国家湿地公园栖息地恢复主要措施**

| 国家湿地公园名称 | 栖息地恢复措施 |
|---|---|
| 新疆博斯腾湖 | 确定目标种类,研究生境需求;<br>典型类型栖息地恢复、招引建设、水禽鱼苗基地;<br>禁渔工程;水生植被恢复 |
| 西安浐灞 | 简单招引工程:鸟类繁殖期挂人工巢箱、缺水季节安置饮水装置,设置水域,多种植树木;<br>系统招引工程:了解本地鸟类群落状况、种类和密度 |
| 辽宁大汤河 | 生态鸟岛建设、典型水禽栖息地恢复、招引建设生态鸟岛:由外到里为深水—浅水—湿生植物带—灌木带—乔木带—人工岛;<br>典型栖息地营造:草滩地类水禽栖息地恢复、草本沼泽类水禽恢复、鸟类招引工程、禁渔工程;<br>水生植被恢复:浅水河滩种植芦苇、谷草植物群;<br>水位较深区:种植莲菱等挺水、浮叶混合植物群;<br>河边水位较浅区域:种植柳树等耐水淹植物群;<br>河边水位较高裸地或人工堤坝:种植阔叶植物群 |
| 山东蟠龙河 | 禁渔工程、鱼道恢复 |
| 重庆濑西河 | 鸟类招引:种植可使用的种子、块根块茎的植物群落,挂置人工鸟箱,结合生态廊道营造;<br>沉水植被恢复 |
| 山东安丘拥翠湖 | 鸟岛建设、典型类型栖息地恢复、植被恢复、鸟类招引建设;禁渔工程 |
| 湖南千龙湖 | 禁渔工程、禁垦 |
| 浙江玉漩门湾 | 保护浅水海域和潮间滩涂、营造鸟类栖息环境、内陆盐沼的芦苇收割管理;<br>鱼塘的管理、完善湿地与绿地系统、建立生物多样性网络体系 |
| 上海崇明西沙 | 营造乔木林作为鸟类栖息地、限制游人活动、营造水鸟栖息地 |

### 6.5.2　恢复规划引导

以新津国家湿地公园为例,首先对国家湿地公园内的主要动物进行调查,并获取其主要的栖息习惯及栖息地特征,而后采取相应的措施(表 6-7)。

表 6-7　新津国家湿地公园主要水禽栖息特点及营造

| 分类 | | 鸭科 | 鹭科 | 翠鸟科 | 鸥鹬类 | 猛禽类 |
|---|---|---|---|---|---|---|
| 包含鸟类 | | 绿翅鸭、绿头鸭、鸳鸯、普通秋沙鸭 | 苍鹭、白鹭、夜鹭、栗苇鳽 | 冠鱼狗、翠鸟 | 凤头䴙䴘、黑颈䴙䴘、黑水鸟 | 黑鸢、苍鹰、雀鹰 |
| 生境营造需求 | | 大面积水面包围的区域<br>小岛或者浮岛。段水水坡（40cm 程度）和深水水域（1.23m）两种 | 大面积水面与部分浅滩<br>浅滩需要 400m × 400m 以上的明水面积，水陆间隔20m 以上(缓冲廊道) | 湖岸、内水域、水路的水边<br>要有防止天敌进入的崖壁 | 水面与水路的水边<br>在水深 2m 的水面设置水生植物，供休息、繁殖和筑巢 | 开阔湿地与偏农田的区域<br>需要开阔的草地，水田和旱田 |
| 环境条件 | 水深 | 对于水域，深度要求 40～300cm；对于捕食的浅滩，水深要求 40cm 以下 | 作为食物的水深需25cm 的浅滩；水深为 8～16cm 捕食的成功率最高 | 20cm 以上的捕食水面 | 1～2m | 无特殊要求 |
| | 栖息地环境 | 栖息需要芦苇、香蒲等水边植物；远离人群的宽阔的沙地；水位维持在30cm 以内 | 筑巢需要远离人群的乔木林；水深维持在 30cm 以下 | 需要湿生和水生植物；水位应维持在20cm 以上 | 需要湿生和水生植物；30cm以内的水位变化 | 高度在 5m 以上的构筑或乔木；与人类干扰保证 300m的间隔，无特殊水深要求 |
| | 食饵 | 以植物性食物为主，也吃螺、甲壳类、软体动物、水生昆虫等 | 以水种生物为食，食小鱼、虾、软体、甲壳动物、水生昆虫、蛙、蝌蚪等 | 以小鱼为主，食甲壳类和多种水生昆虫，小型蛙类和少量水生植物 | 水生昆虫及幼虫、甲壳动物、软体动物、小鱼及小草 | 鼠类、鱼类、野兔等小型动物 |
| 措施 | | 为了不让浅滩被水生植物堵塞需进行管理；繁殖期的 3～5 月和 8～10 月对临近区域的人流进行进出限制 | 为了防止水生植物过密堵塞水面，需定期清理；繁殖期要控制附近人的进入；维持栖息地食物供应 | 筑巢场所设置在崖壁以远离人类干扰的地方；园路到筑巢崖壁需 20～30m 的距离；作为鸟类休息场所，需要在附近设置小树与灌木 | 维持一定水深，繁殖期对邻近的人流进行管理和限行 | 保证食物的来源，可与水田等农耕地连接，以提供丰富饵食 |

根据已有研究，水禽类在小尺度上影响生境选择的主要因素有食物、植被结构、水深、隐蔽条件等。影响鸟类生境选择的因子主要是水环境状况（包括水位、水质、水域面积等）、光滩比例、植被覆盖率等。水文条件包括水位、水质。水文条件为水禽提供了食物来源，也影响鱼类的分布。植被为水禽等湿地野生动物提供食源和隐蔽场所。

栖息地的恢复可根据湿地公园中主要的生物种类和提供多样生境的原则进行。从生物栖息和觅食的环境入手，主要考虑三个层次的生存环境：陆地生物栖息地、湿地生物栖息地以及水生生物栖息地。

（1）陆地生物栖息地。陆地生物栖息地应按照自然生态系统的结构，采用乔、灌、草构建完整的结构层次，为野生动物提供隐蔽，为其繁育提供条件。另外，要提高植物的物种多样性，包括采用能提供食物来源的树种，如金银木、核桃等，为动物提供食物。

（2）湿地生物栖息地。湿地生物栖息地为湿地的鸟类提供了丰富的活动和觅食场所。鸻鹬类偏好大面积的季节性裸滩，雁鸭类偏好有水、植物茂密、生境复杂的水域。游禽常在水深为 0.5～1.5m 的水域活动觅食，光滩泽涂等是涉禽的主要活动场所。因此，湿地生物栖息地应根据该区域主要出现的生物种类营造不同水深、不同滩涂类型的生境。

(3)水生生物栖息地。水生生物栖息地主要通过丰富水生植物、增加遮蔽物、增加砾石群进行恢复和营造。种植不同生态型的水生植物，为鱼类等水生动物提供多样的水生空间。遮蔽物可利用人工浮岛或鱼巢为水生动物及两栖类动物提供栖息、繁殖的场所。砾石群可改变基底的结构，创造不同的水深和流速条件，增加水生栖息地的多样性。

# 6.6　植物恢复控制

植物群落恢复是湿地恢复和重建的重要组成内容。植物是动物栖息地的基础，为动物的栖息提供隐藏和庇护。其在固坡和水体的恢复中也具有不可替代的作用。

## 6.6.1　完善层次结构，合理种类配比

对于现有长势良好的植物群落予以保护，防止破坏，在此基础上进行部分补充和景观营造。植物恢复应从群落层次结构出发，完善群落结构层次、丰富群落多样性。完善的群落结构能够提高生物多样性，生态系统组成越复杂，稳定性越高。同时，丰富的多样性可以为植物群落不同功能的发挥提供基础。注意各结构层次、物种层次间的搭配，如乔、灌、草，水生、湿生、陆生，常绿与落叶，速生和慢生间的搭配。

## 6.6.2　遵循因地制宜的原则

植物选择和配置应尽量选用乡土品种，且应具有一定的多样性。本地植物是植物与该区域环境条件长期适应的结果，易于成活和养护，避免引起生物入侵。植物的配置要做到因地制宜。不同植物对环境有不同的要求，根据环境特点选择生长条件与其相符合的植物种类。湿地生态系统中的植物对环境的要求形成了不同的生态类型，在淡水湿地生态系统（如河流、湖泊）中有带状分布的特点(图6-6)。

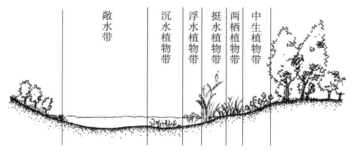

图6-6　淡水生态系统湿地植被分带模式

## 6.6.3　根据主题进行选择

以水质净化为主要功能的植物配置，应主要选择对水质有改善作用的植物。各个植物对水质净化的能力不同，对污染物的去除能力也有所差异。因此，应根据污水中污染物的具体情况进行植被的选择和搭配，选用具有一定抗性的植物品种，见表6-8。

表 6-8 新津白鹤滩国家湿地公园净水区植物种类

| 挺水植物 | 沉水植物 | 浮水植物 | 湿生草本 |
|---|---|---|---|
| 香蒲、泽泻、伞草、茭白、芦苇、水芹、石菖蒲、黄花鸢尾、灯芯草、水葱、梭鱼草、美人蕉 | 狐尾、菹草 | 水花生、凤眼莲、空心莲子草 | 蓼、斑茅、白茅 |

以边坡护岸为恢复目的的植物应以耐水湿、固土能力强，并兼顾缓冲净化的功能为标准进行选择。

以栖息地恢复为主的植物应以完善群落结构、丰富多样性为主，并适当增加挂果植物，丰富生物的食物来源。构建缓冲带，减小人类活动的干扰。

湿地植被是湿地风光的重要构成，因此，在植物的组织和搭配上还应注意湿地的景观性主题，利用植物的形态、色彩以及群落层次的变化形成与周围环境相融合的景观。例如，在新津国家湿地公园的植物配置中，其以不同区段主题以及功能主题，形成了多层次的植物群落结构。

表 6-9 新津国家湿地公园植物群落选择

| 主要区段 | 群落类型 | 群落效能 | 代表性植物群落结构 |
|---|---|---|---|
| 生态湿地植物景观区 | 抗逆性群落 | 净化空气，抗外力侵扰 | 香樟+朴树-玉簪等+石蒜+水蓼 |
| 湿地净化景观展示区 | 净化性群落 | 净化空气、水质、吸收重金属 | 垂柳+香樟-茭白+德国鸢尾+千屈菜 |
| 湿地景观展示区 | 固氮放氧群落、季相性群落 | 净化空气，释放氧气搭配秋冬季景观 | 栾树+大叶樟+红叶李+石竹+千屈菜+茭白 |
| 林带地被景观展示区 | 抗风性群落 | 抵抗、减轻强风危害 | 垂柳+加杨+水杉+乌桕+女贞+金边叶麦草+金叶苔草+细叶芒草+鸢尾 |
| 原生湿生植物景观保护区 | 保护性群落 | 保护原生湿生植物、增加群落稳定性 | 八角枫+问荆+薹草+狗牙根 |
| 两栖类动物栖息地景观示范区 | 物种多样性群落 | 增强群落稳定性、避免有害生物入侵 | 香樟+柿树+构树-蒲苇+蔷薇+枸骨-梭鱼草+荇菜 |
| 滨河水生植物景观带 | 净化性群落 | 增强群落观赏性，净化水质 | 蕉草+芦苇+茭白+槐叶萍+睡莲+美人蕉+水生鸢尾+金鱼藻 |

## 6.7 小 结

本章对国家湿地公园生态恢复规划的主要内容：水体恢复、水岸恢复以及野生动植物栖息地恢复，在梳理相关理论和国家湿地公园具体建设情况的基础上，分别提出了可操作性的引导。

生态恢复的总体思路应具有针对性，全面调查引起湿地退化的主要原因，有的放矢；由于地域差异较大，湿地的生态恢复应立足于本土背景，因地制宜地采取恢复措施；湿地生态恢复应该站在系统的层面分析湿地的问题，系统性地进行湿地生态恢复的规划。

保证适宜的水量、保持水的流动性是水系恢复的关键，应加强学科间的合作，确定适宜的湿地水量，针对湿地的水系问题采取相应的恢复措施。水环境的恢复以生态技术为主，但长期维持还是要靠管理。建管并重才是恢复的可持续之道。

针对水系恢复的规划应从系统的角度出发，沟通水系网络，增加水流的复杂性，保证湿地的水源和流动性；根据地形，结合排水方向，构建多级水体自净综合利用系统，形成水体恢复和循环利用的综合网络。

水岸的问题主要来自自身形态和结构在外力干扰下引发的稳定性问题和生态问题，改造应遵循稳定性、功能性以及生态性的原则，根据自身结构特点与周围环境的相互作用进行水岸的改造。国家湿地公园以自然原生态为主，水岸应以软质驳岸为主，根据具体情况，局部可采用硬质驳岸。

野生动物栖息地恢复应遵循多样性的原则，完善动物的捕食生物链，满足动物多样的栖息地需求。具体可从陆地生物栖息地、湿地生物栖息地以及水生生物栖息地三个层次的生境入手，进行栖息地的营造。

植物恢复应以完善层次结构为主，并注意合理的种类配比。遵循因地制宜的原则，植物选择和配置尽量选用乡土品种，且应具有一定的多样性。根据主题功能进行选择，并注意层次结构的搭配。

# 第 7 章　科普教育规划控制

科普教育是国家湿地公园规划和建设的重要构成，规划中如何将科普和宣传教育融入，以唤醒公众对湿地的保护意识，是国家湿地公园规划与其他公园规划相区别的关键。本章对国家湿地公园的科普教育规划提出控制方法和策略，从而提高主要建设内容的有效性，针对科普宣传教育的规划提出引导，以图更好地传达和发挥国家湿地公园的教育意义。

## 7.1　科普宣教规划现状

国家湿地公园合理利用的一个重要内容是湿地的科普性和教育性。当前，虽然科普宣传教育在国家湿地公园的规划和建设中达成了共识，但通常情况下，游客经过对湿地公园的游览，对湿地公园的教育性并无感知，湿地保护意识的传达也通常只是流于形式。

### 7.1.1　规划主要内容

根据总规，科普教育规划一般包含博览展示、环境解说与互动参与三个方面。博览展示通常有室内和室外两种形式。展示内容主要包括湿地基本知识与相关法规、湿地生境、湿地动植物、湿地生态工程、湿地文化、湿地农业等（表 7-1）。室内展示通常在科普宣教馆内进行，多以展板、标本模型、仿真生境的形式开展。室外展示通常依托湿地动植物、湿地生境营造，设置相关设施，结合教育活动进行。例如，构建湿地植物园，展示湿地植物；设置观鸟屋、观鸟长廊，开展湿地动植物的认知活动。人与湿地长期的紧密关系，衍生出了与湿地特有的相处模式，形成独特的湿地文化，农事生产与渔业文化是其中的主要内容。在室外展示中湿地文化与农业一方面通过景观营造的方式表达，另一方面通过农事体验、生态农业示范的方式进行。例如，山东安丘拥翠湖对上林下渔的循环农业模式进行展示，重庆濑西河对其稻田文化进行展示等。

互动参与通常与项目或活动策划相结合，通过视觉以外的感知形式使人产生对湿地环境或文化的认识。国家湿地公园中常以游戏或实验的方式，或在景观小品中加入"操作"的成分让游客参与其中。环境解说主要包含向导式解说和自导式解说两种形式。向导式解说是由解说人员对公众进行相关内容的解释和信息传递；自导式解说是由公众自身通过相关标识、印刷物等获得信息。几者互为补充地构成科普宣教系统的骨架，以不同形式进行湿地相关知识的教育和宣传。

从整理的新疆博斯腾湖等 10 个国家湿地公园科普宣教规划的内容（表 7-2）来看，室内展示和室外展示是最为普遍的展示项目，观鸟项目的设置根据具体的湿地公园资源情况有所不同。个别湿地公园建立了专门的湿地植物认知园。湿地文化与相关产业展示根据地域背景以及湿地周边条件的不同，在展示内容和形式上有所区别，有实地的体验和展示，也有非实景模式(如室内展板、室外宣教长廊)的展示形式。

表 7-1　国家湿地公园科普宣教项目设置的比较

| 国家湿地公园名称 | 室内展示 | 室外展示 | 观鸟 | 植物认知园 | 文化及产业展示 |
|---|---|---|---|---|---|
| 新疆博斯腾湖 | + | + | + | + | + |
| 西安浐灞 | + | | | | |
| 大汤河 | + | + | | + | |
| 山东蟠龙 | + | + | + | + | |
| 郑州黄河 | + | + | | | |
| 重庆濑西河 | + | + | + | | + |
| 山东安丘拥翠湖 | + | + | + | + | + |
| 湖南龙湖 | + | + | + | | + |
| 浙江玉环漩门湾 | + | + | + | | |
| 上海崇明西沙 | + | | | | |

注："+"表示涉及相关内容。

表 7-2　国家湿地公园科普教育主要内容

| 国家湿地公园 | 科普宣教建设项目 | 具体措施及内容 | 备注 |
|---|---|---|---|
| 新疆博斯腾湖 | 湿地科普宣教中心 | 科普宣教馆建设 | |
| | 观鸟工程 | 观鸟长廊、观鸟屋 | 10 座隐蔽观鸟屋 |
| | 湿地植物认知园 | 湿地净化、过滤展示 | 科普宣教区东北角 |
| | 湿地生态功能展示园 | 通过人工模拟、玻璃墙截面等方式展示湿地净化污水改善过程 | |
| | 节约型水生经济作物展示园 | 展示集约型、高土地利用、高产、高效的水生经济作物产业；水生蔬菜各品种无公害生产技术等 | |
| | 湿地展示长廊 | 配合栈道，模拟营造不同的湿地生态系统 | |
| 西安浐灞 | 湿地科普中心 | 5 个主题展示馆，展示灞河历史文化、湿地生物净污等，辅以展示湿地起源、湿地功能等知识 | 展示馆建设 |
| | 科普解说系统 | 道路解说系统、接待设施解说系统、管理中心解说系统、功能区宣教系统 | 解说标志牌、解说图册、多媒体解说、科普导游解说、宣传长廊 |
| | 湿地科普馆 | 湿地展示区、湿地生态检测展示厅、湿地教室、湿地图书馆、游客服务中心 | 选址于管理服务区 |
| 辽宁大汤河 | 温泉博物馆 | 以展示温泉文化为主，科学与艺术相结合 | 包括温泉博览馆、温泉文化溯源馆、温泉养生馆、弓长岭温泉馆、游客服务中心 |
| | 湿地植物认知园 | 采取一定的配植模式，使其接近自然地生长、组合；道路设计和设置系统剖面供游客参观 | |
| | 荷花大观园 | 赏荷；观光步道、休闲亭、观赏亭、摄影棚等设施 | |

续表

| 国家湿地公园 | 科普宣教建设项目 | 具体措施及内容 | 备注 |
|---|---|---|---|
| 山东蟠龙河 | 生态驳岸展示区 | 展示池塘的不同生态驳岸 | 位于科普宣教区内，湿地植物认知园以南 |
| | 湿地漫游径 | 介绍整个湿地公园的生态环境，即大汤河河道上游至下游的生态 | 科普宣教区堤坝路以东的水塘内 |
| | 河流湿地演替之路 | 展示大汤河湿地的生态系统形成过程；设置长廊、配置解说牌 | 湿地动物科普园以南 |
| | 湿地动物科普园 | 动物模型及标本，展示野生动物赖以生存的环境 | |
| | 湿地宣教馆 | 湿地展示区、湿地生态检测展示厅、湿地教室、湿地图书馆、游客服务中心 | |
| | 蟠龙博物馆 | 以展示中华龙文化为主要内容，包括历史文化馆、极品珍宝馆、名书名画馆、民俗展示馆、游客服务中心 | 科普馆南侧 |
| | 观鸟设施 | 观鸟长廊、观鸟平台、观鸟屋 | 3 座隐蔽观鸟屋 |
| | 湿地景观展示 | 乡土湿地植物认知长廊：以栈道为游览工具，以解说为途径，介绍蟠龙河流域的乡土湿地植物。湿地净水功能展示区：集中展示湿地生态功能 | 人工模拟、玻璃墙截面 |
| 郑州黄河 | 4 个宣教中心 | 湿地生态中心、湿地文化中心、湿地与人和谐中心、多媒体探索中心 | |
| | 湿地净化水质示范工程 | 室外展示，配合水生植物选型 | |
| | 黄河湿地科普解说 | 解说标志牌、解说图册、多媒体解说、科普导游解说、宣教长廊 | |
| | 流域湿地景观展示 | 在不改变湿地生境氛围的前提下，进行沿岸及水体的垃圾处理、河岸生态加固、村落修缮并进行展示 | |
| | 河流湿地植物群落展示 | 进行河流湿地生态营建，以自然恢复的植被作为展示的主体 | |
| | 观鸟科普活动 | 观鸟屋 | |
| 重庆濑溪河 | 生态水稻种植模式展示 | 主要展示生态水稻种植模式及由此而衍生的田园湿地生境活动 | 以罗家河、玉鼎村为主 |
| | 水稻知识科普 | 园区内设定科普游线、沿途安放解说牌，介绍水稻科普知识、水稻田生态系统等 | 田埂路沿线 |
| | 农具科普展示 | 农具展示小屋，农耕文化生产生活用具、器皿等展示 | |
| | 百竹苑科普活动 | 展示园区内竹的名称、形态特征、生态习性、竹的诗词歌赋 | 百竹苑内 |
| 山东安丘拥翠湖 | 湿地宣教馆 | 湿地展示区、人工湿地展示厅、湿地教室、湿地图书馆、游客服务中心 | |
| | 观鸟长廊 | 观鸟长廊、芦苇观鸟墙、观鸟平台、观鸟屋 | 拥翠湖西南部 |
| | 观鸟点 | 牟山山顶 | |
| | 湿地植物认知点 | 园内设置演替之路、湿地生态系统剖面展示池等设施 | 南部紧临中山路 |
| 山东安丘拥翠湖 | 湿地演替之路 | 通过 5 个湿地植物群落演示池，模拟湿地生态系统形成过程，主要是湿地植物的演替过程 | |
| | 人工湿地展示长廊 | 以展示牟山水库的形成过程为主，按照水库生态系统形成过程设置长廊，配置解说牌 | |
| | 上林下渔展示区 | 展示上林下渔循环农业模式 | |
| 湖南千龙湖 | 湿地文化长廊 | 展牌展示古今文人的诗篇巨作，疏浚现有水道，进行驳岸处理，根据诗歌中描写，还原意境。包括文化体验长廊、水上植物园、水上船行道 | 公园西部 |

| 国家湿地<br>公园 | 科普宣教建设项目 | 具体措施及内容 | 备注 |
|---|---|---|---|
| 浙江玉环<br>漩门湾 | 科普休闲长廊 | 在保持现有荷塘等的基础上，疏浚、贯通并拓宽现有河道，驳岸设计体现天然河道的形状。内容包括科普展示、湿地演替、标本展馆、荷花世界、渔友之家、村舍农家、鸟类园地、团山远眺 | 公园东部 |
| | 湿地博物馆 | 湿地知识普及区块、漩门湾湿地生态展示区块、漩门湾湿地文化浏览区块、湿地与人类区块、湿地保护互动交流区块 | |
| | 湿地生态探索园 | 水系周围设置游步道和生境体验道，植物配置，通道两侧以玻璃板相隔，使游客通过玻璃感受景观 | |
| | 湿地观鸟 | 观鸟棚 | |
| 上海崇明<br>西沙 | 宣传廊道 | 介绍水生植物盆景 | |
| | 科普宣教中心 | 通过展馆展厅图文、模板、标本、多媒体、实验等多种形式展示 | |

　　室外展示通常以国家湿地公园的整体环境作为依托，与合理利用区结合紧密，湿地景点、湿地的修复常成为室外展示的主要内容，并以游线组织、环境解说等形式完成湿地相关知识的教育和宣传。国家湿地公园的科普宣教规划设计贯穿了整个公园，从功能与作用发挥的情况来看，科普宣教区是发挥科普宣教功能的核心区域，而室内展示又是科普宣教中的重要内容，因此，科普宣教区与其他区域的衔接，以及科教中心与室外科普教育的衔接是科普宣教规划中的关键。

### 7.1.2　规划中存在的主要问题

#### 1. 形式固化，强调规模

　　目前，国家湿地公园的科普宣教，特别是科普宣教中心中的展示，形式固化严重，展示形式限于展板、标本、生境模仿，且过分强调说教性，缺乏趣味。不少科普宣教中心的设计形式缺乏通透性，导致宣教内容限制在室内，加之一些科普宣教区缺乏邻近的室外展示，更加导致形式的单一和枯燥。另外，科普宣教中心的建设有追求规模的倾向，造成展示内容空泛及空间和资源的浪费。

#### 2. 内容趋同，缺乏特色

　　不少国家湿地公园的科普宣教内容都是从湿地的概念解释、分类系统、分布等讲起，大都是来自不同湿地公园间的相互复制。科普宣教中心不在于其规模，而在于其地域性和独特性。如果是以大而全为追求目标，科普宣教中心在该湿地公园中的建设就失去了意义。因此，其展示的内容应以该湿地公园的湿地资源、动植物或文化特色为主，体现其专属的符号。

## 7.2　公众科普宣教偏好分析

根据上文的分析，科普宣教规划体系主要包括科普宣教的形式及手段、科普宣教的地点状况以及科普宣教的内容三个方面。针对科普宣教规划的主要内容(表 7-3)，本书对公众关于科普宣教的偏好进行了调查分析。

表 7-3　科普宣教规划体系的主要内容

| 科普宣教规划的内容 | | 具体设置 |
| --- | --- | --- |
| 科普宣教的地点状况 | | 室内<br>室外 |
| 科普宣教的内容 | | 湿地资源<br>湿地保护<br>生态过程 |
| 科普宣教的形式及手段 | 被动型 | 志愿者解说<br>展板<br>影片宣传<br>情景模拟<br>讲解手册 |
| | 主动型 | 探索观察<br>互动游戏<br>文化活动 |

### 7.2.1　研究方法

本次调查在成都市的三个湿地公园中进行，分别是白鹭湾湿地公园、凤凰湖湿地公园以及兴隆湖湿地公园，其相关情况在第 5 章中已有介绍，此处不再赘述。作者于 2017 年 9 月 12 日～9 月 25 日分别在三个公园对公众以问卷调查的形式，就科普宣教的偏好进行了调查，调查采取随机抽样，以问答方式进行，共发放问卷 387 份，收回有效问卷 380 份。

### 7.2.2　样本特征分析

参与调查的人群中，女性人数稍高于男性人数，男女比例分别为 41% 和 59%。年龄分布以 20～30 岁的人群居多，其次为 30～40 岁，分别占样本数量的 49.26% 和 25.52%。学历以本科及大专居多，其次为硕士以及硕士以上。其中大部分游客常住城市里(表 7-4)。

表 7-4　调查对象的社会学特征

| 类别 | | 人数/人 | 百分比/% |
| --- | --- | --- | --- |
| 性别 | 男 | 155 | 40.88 |
| | 女 | 225 | 59.12 |

续表

| 类别 | | 人数/人 | 百分比/% |
|---|---|---|---|
| 年龄 | 20 岁以下 | 8 | 2.19 |
| | 20～30 岁 | 225 | 59.12 |
| | 30～40 岁 | 72 | 18.98 |
| | 40～50 岁 | 53 | 13.87 |
| | 50～60 岁 | 19 | 5.11 |
| | 60 岁以上 | 3 | 0.73 |
| 学历 | 高中及高中以下 | 47 | 12.41 |
| | 大专及本科 | 194 | 51.09 |
| | 硕士及硕士以上 | 139 | 36.5 |
| 常住地 | 大城市 | 133 | 35.04 |
| | 中小城市 | 202 | 53.28 |
| | 乡村 | 44 | 11.68 |

### 7.2.3　结果分析

1. 科普教育偏好分析

综合调查结果(图 7-1)进行分析,从科普宣教的内容来看,79.41%的人群对湿地动植物等湿地资源表示更感兴趣,其次为湿地的生态过程,而对于湿地当前的相关形势、科研进展等不太关注。

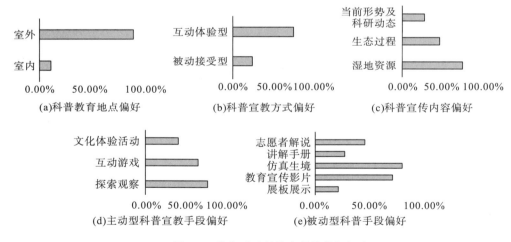

图 7-1　公众对于科普宣教的偏好调查

将科普宣教内容与人口社会学特征进行统计学分析发现,年龄与感兴趣的科普宣教内容类型有显著的差异,具体表现为 40～50 岁公众对湿地的生态过程更为感兴趣,其次是 50～60 岁与 20～30 岁的公众,而对此内容最不感兴趣的是 30～40 岁的人群。

从科普宣教的地点来看,公众普遍倾向于在室外空间了解湿地。而对于科普宣教的地点期望, 公众具有一致的倾向性, 而无社会学特征的差异。

科普教育方式可分为被动式和主动式两种形式。从具体的科普宣教手段来看, 被动式的科普教育方式主要包括展板展示、教育宣传影片、仿真生境、讲解手册、志愿者解说等。主动式的科普教育手段主要包括探索观察、互动游戏及相关的文化体验活动。相对于被动式的科普教育方式, 公众普遍偏好通过自行探索或互动体验的方式增进对湿地的了解。在被动式教育中, 以教育宣传影片、仿真生境的方式最为感兴趣, 而对展板展示与讲解手册的方式最不感兴趣。公众调查结果显示, 对探索观察和互动游戏的方式最有热情, 而对文化体验活动的兴趣相对较弱。

2. 公众对科普宣教方式的偏好

经过统计学分析, 科普宣教方式的偏好与性别没有太大的相关性, 但与学历、年龄、常住地存在显著的相关性。

1) 学历与科普宣教方式

对于学历间的差异, 主要表现在对仿真生境、讲解手册以及探索观察的宣教手段上 (表 7-5)。学历在高中及以下的人群偏向于讲解手册的形式, 对于探索观察、仿真生境的科普宣传形式不太感兴趣。大专以上学历的人群更倾向于探索观察与仿真生境的科普宣教形式 (图 7-2)。

表 7-5　不同学历与科普宣教方式的单因素方差分析

| 宣教手段 | 类别 | 自由度($df$) | $F$ | 显著性 |
| --- | --- | --- | --- | --- |
| 仿真生境 | 组间 | 2 | 6.884 | 0.001 |
| 讲解手册 | 组间 | 2 | 3.192 | 0.044 |
| 探索观察 | 组间 | 2 | 4.446 | 0.014 |

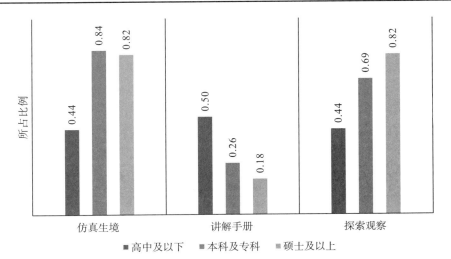

图 7-2　学历与科普宣教手段偏好调查结果(见本书彩图版)

2）年龄与科普宣教方式

不同年龄段偏好的科普宣教方式具有显著差异，主要表现在对讲解手册、探索观察以及文化活动手段的态度上（表7-6）。对讲解手册的态度，50～60 岁的人群较 20～40 岁的人群对讲解手册更为感兴趣。对于文化体验活动，结果显示，年龄较大的人群对文化体验活动的科普宣教方式更为感兴趣。20 岁以下及 20～30 岁的人群明显较 50～60 岁人群更为偏向探索观察的宣教方式（图7-3）。

表 7-6　不同年龄与科普宣教方式的单因素方差分析

| 宣教手段 | 类别 | 自由度（df） | F | 显著性 |
|---|---|---|---|---|
| 讲解手册 | 组间 | 4 | 2.651 | 0.036 |
| 文化体验活动 | 组间 | 4 | 3.597 | 0.008 |
| 探索观察 | 组间 | 4 | 3.652 | 0.007 |

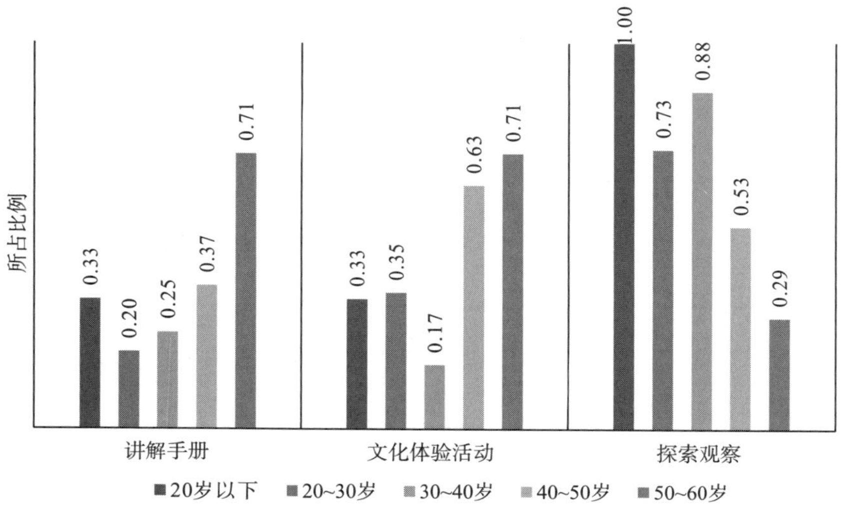

图 7-3　年龄与科普宣教手段的偏好调查结果（见本书彩图版）

3）常住地与科普宣教方式

统计分析结果（表7-7）显示，常住地为乡村的人群与常住地为城市的人群在仿真生境、讲解手册以及探索观察手段上偏好差异明显。常住地为城市的人群明显偏向于仿真生境以及探索观察的方式，而常住地为乡村的人群更倾向于讲解手册（图7-4）。

表 7-7　不同常住地与科普宣教方式的单因素方差分析

| 宣教手段 | 类别 | 自由度（df） | F | 显著性 |
|---|---|---|---|---|
| 讲解手册 | 组间 | 2 | 3.273 | 0.041 |
| 探索观察 | 组间 | 2 | 8.207 | 0.000 |
| 仿真模型、生境 | 组间 | 2 | 3.311 | 0.040 |

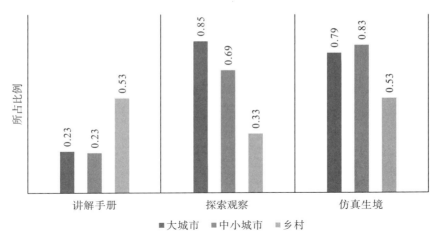

图 7-4　常住地与科普宣教手段偏好调查结果(见本书彩图版)

## 7.2.4　结论与启示

(1)调查分析发现，公众对湿地资源的相关内容和知识表现出一致的关注度，而对湿地目前的形势和科研进展并无太大兴趣。而对生态过程的内容存在年龄上的差异，40~50岁的人群对于相关内容有较高的兴趣。

(2)对于科普宣教地点的偏好，公众具有一致的倾向性，公众普遍倾向于在室外空间了解湿地。

(3)相对于被动式的科普宣教方式，公众普遍偏好通过自行探索或互动体验的方式增进对湿地的了解。在被动式教育中，以教育宣传影片、仿真生境的方式最受欢迎，而公众对展板展示与讲解手册的方式最不感兴趣。公众调查结果显示，公众对探索观察和互动游戏的方式最有热情，而对文化体验活动的兴趣相对较弱。并在仿生生境、讲解手册以及探索体验的具体形式上表现出了学历与常住地的差异性。在讲解手册、探索观察以及文化活动体验的具体手段上表现出了年龄段的差异。

在调查和分析的基础上，本书对科普教育的规划提出以下建议。

(1)丰富湿地形势以及科研进展的科普宣教内容。当前采用的方式多以展板为主，可采用公众普遍偏好的方式(如影片制作、增加具有参与性的科研或实验活动等)，增进对湿地相关内容的教育和宣传。

(2)增强室内与室外的连接，提高室内宣传形式的主动性。研究表明，公众多偏向于室外场所，室内的宣教多以被动的宣教方式为主，应增加室内外的连接和互动性，弱化室内外的界限感，并在室内宣教形式中增加主动性。

(3)注重细节，分层设计。研究表明，学历、年龄、常住地对于讲解手册、探索观察等宣教方式表现出一定的差异性。高中以下以及乡村常住人群、年龄较大的人群偏好讲解手册的宣教手段，且年龄较大的人群更倾向文化体验活动的宣教方式。因此，对于宣教方式可进行分层设计，如对于不同人群设置不同的宣教主题，或采用宣教分馆等。

# 7.3　科普教育规划控制

基于国家湿地公园科普教育规划中的问题,在对国内外相关项目的规划和建设特点的总结上,以及关于科普教育公众的偏好调查上,提出可从原生环境的可视性、生态过程展示、互动体验等方面入手进行科普教育的规划设计。

## 7.3.1　强调原生环境的可视性

湿地多样的生境类型、自然景观本身就是对湿地最完整的诠释。因此,在科普宣教的设计中,应充分考虑场地特征,利用湿地自身的环境条件,向游客呈现湿地的原始面貌和魅力。可通过视觉,在设计上加强室内外空间的连接,将室外的原生环境引入室内。或根据场地的视觉景观特征,设置观景点,组织视线,使人能充分感受湿地的原生环境。

例如,美国大提顿国家公园的游客中心利用了环境本身的空间结构和景观要素,以及小径上设置的眺望点,通过视线的组织加强了场地内部与周围环境的联系,使游客能从不同的视角领略到公园的自然景色(图 7-5)。

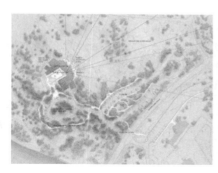

图 7-5　美国大提顿国家公园游客中心①

阿联酋的 Wasit 自然保护区游客服务中心利用全透明的玻璃幕墙,将鸟类生活的自然环境引入室内空间,模糊了室内外的界限,为游客带来震撼的参观体验,加深了游客对原生自然的认识(图 7-6)。

---

① https://www.goooood.cn/2016-asla-grand-teton-national-park-craig-thomas-discovery-and-visitor-center-by-swift-company-llc.htm.

图 7-6 阿联酋的 Wasit 自然保护区游客服务中心①

### 7.3.2 将生态过程作为展示内容

自然生态过程以及资源环境保护的教育不一定要专门开辟新的场地才能实现,在场地有限的情况下,可将其蕴含在设计过程中,通过对场地的设计实现对游客自然生态过程以及资源环境保护的教育。

1. 构建场地的可持续系统

场地的生态设计融入生态技术,构建生态系统,促进场地的可持续发展。例如,路易斯安那圣兰德游客中心,利用当地湿地、沼泽、森林等丰富景观,融入当地传统的建筑元素,如外挑门廊、抵御洪水的悬挑地面、坡屋顶、雨水池等,以及当地的乡土植被,构建了场地的雨水处理系统(图 7-7)。不仅向游客展示了当地的自然与文化景观,场地的雨水处理过程也增加了游客对自然过程的了解。

图 7-7 路易斯安那圣兰德游客中心雨水管理系统及乡土植物的应用②

---

① https://www.gooood.cn/wasit-natural-reserve-visitor-centre-by-x-architects.htm.

② https://www.gooood.cn/2016-asla-general-design-honor-awards-converging-ecologies-as-a-gateway-to-acadiana-by-carbo-landscape-architecture.htm.

## 2. 生态节能技术的运用

生态节能技术已经成为当前社会的主导技术，生态技术在系统观的指导下强调材料使用、运行过程的可持续性，节能材料采取现今的技术手段，实现节约能源的目的。可将生态节能的技术与设计结合，为游客输入生态环保的理念，结合创新式的技术路线，为展示增加吸引力。

红石峡谷游客中心以各种节能的措施以及革新的技术，向游客传达了资源保护的重要性（图7-8）。这些措施包括使用阴凉、蒸发冷却和大功率节能风扇等手段创造舒适的微环境，利用太阳能供电，以及雨水的收集和循环利用。

图 7-8　红石峡谷游客中心[①]

利用当地环境的微气候，将渗透性太阳能集热系统安置在日光照射最充足的区域，它可以将 80% 的太阳能转化为可利用的热能。当外部空气通过通风扇流过收集器穿孔金属板表面时，可将温度加热 4℃。加热的气流上升到屋顶，通过管道分配系统输送到卫生间内部。

其地面安装的 55kW 的光伏板为游客中心供电。光伏板也承担了一定的解释和教育的功能，在参观完光伏板后，游客中心的电脑向游客展示光伏板产生了多少能量，以及天气对它有什么影响。

雨水收集系统不仅可以实现能源的利用，还可以作为讲解设施的一部分。15000gal 的雨水和雪融水储存起来用于展示水的特性以及灌溉沙漠。滴管喷泉沿着入口大厅设置，用于给游客展示沙漠中最重要的资源——水。

### 7.3.3　注重互动体验的形式

对于亲自尝试过的东西，才会印象深刻。互动体验也是宣传教育最有效的途径之一，在科教展示中通常利用科学技术提供互动体验的机会，如环幕影院、模拟场景等。除此之外，还可充分利用室外空间，通过增加互动性的景观元素，或地形塑造，增加探索式的景观和趣味性的体验，充分调动游客的积极性。

---

① https://www.gooood.cn/red-rock-canyon-visitor-center-by-line-and-space.htm.

　　例如，芝加哥植物园的雷根斯坦学园，设计师通过形式各异的景观空间和户外教学场所实现了教育和生态学管理的目标。通过对空间的组织将室内和周围景观连接起来，使之成为教学过程中的具体且动态的元素。

　　场地内包含了草坪、山丘、水槽、岩石以及各种各样的林木和柳树隧道，设置了游乐场、起伏的小丘、主草坪上的圆形露天场地、互动式的石砌水渠以及各类自然景观。起伏的草丘使孩子们与自然环境产生亲密的互动(图 7-9)。草坪环绕在石砌的水渠周围，蜿蜒的水渠不仅带来自然的游戏场地，也让人们形成了对自然生态系统的了解。小丘、水渠和岩石等形态各异的元素相互交织，共同带来探索的氛围。水渠中浅浅的流水为孩子们提供了戏水和玩耍的机会。这个约 2.4hm$^2$ 的景观花园为使用者提供了关于自然世界的交互式体验。

图 7-9　场地带来的互动乐趣[①]

### 7.3.4　多方位体现地域特色

　　展现地域特色是科普宣传规划的一大原则，不仅体现在对乡土树种、乡土材料的使用上，还体现在乡土形式的使用上，如路易斯安那阿卡迪亚游客中心在设计中对当地建筑形式的使用，以及对传统建筑施工工艺——垒、砌、捆、扎等的使用。这些都是可持续性的体现，也是节能减耗的体现。

　　在展示的内容上也要具有地域特色。例如，在游客中心或在宣教中心陈列相关的素材时，应选择跟本地资源相关的展品，如果一应俱全，那么就会失去重点，游客得不到与之相对应的知识和教育，致使效果不佳。这样也会大大降低展示的价值，因为稀缺才有价值。

① https://www.gooood.cn/2017-asla-general-design-award-of-honor-chicago-botanic-garden-the-regenstein-learning-campus-by-mikyoung-kim-design-and-jacobsryan-associates.htm.

而且地域特色也是一个地方独一无二的符号，是对传统文化的延续。

对于科普宣教的规划应采取丰富的宣教形式，不应仅仅限于解释系统，如工作者的讲解，解释标志的设置，科普宣传册、相关活动的组织等。可通过巧妙的场地设计、视线引导、生态系统设计等，打破室内与室外的界限，多层次、多角度地进行湿地自然和文化资源的展示。

# 7.4　小　　结

本章内容首先对国家湿地公园科普宣教现状进行了梳理，从内容上进行了总结，对10 个国家湿地公园的科普宣教规划的主要内容进行了分析。分析认为，室内和室外展示是最为普遍的展示项目，室外展示通常以国家湿地公园的整体环境为依托，与合理利用区结合紧密，湿地景点、湿地的修复常成为室外展示的主要内容，并以游线组织、环境解说完成湿地相关知识的教育和宣传。室外的科普宣教内容由于地域差异以及湿地公园具体条件的原因，呈现出不同的展示内容和形式。研究认为，国家湿地公园的科普宣教设计贯穿整个公园，科普教育区是集中发挥科普教育功能的区域，其与其他区域的衔接，以及科教中心与室外科普教育的衔接是科普宣教规划中的关键。

对公众对科普宣教的偏好进行了调查分析，调查发现，公众对湿地资源的相关内容和知识表现出一致的关注度，一致倾向于在室外空间了解湿地，并普遍倾向于自行探索或是互动体验的方式增进对湿地的了解。在仿生生境、讲解手册以及探索体验的具体方式上表现出了与学历、常住地有关的差异性。在讲解手册、探索观察以及文化活动体验的具体方式上表现出了年龄段的差异。针对调查结果提出了丰富湿地形式以及科研进展的科普宣教内容；增强室内与室外的连接，提高室内宣传形式的主动性；注重细节，分层设计科普宣教规划。

从科普宣教规划的现状出发，在综合调查研究、总结和参考国内外其他相关规划案例的基础上提出：科普宣教规划应强调原生环境的可视性，增强室内外的衔接，将原生环境的展示纳入室内展示和教育中；通过构建场地的可持续系统以及生态及节能技术的运用，可将生态过程作为展示的内容，增强游客的环保节能意识；充分利用各景观要素增强场地与游客的互动性，在互动中学习、增进对自然的了解；多层次、多角度地体现地域特色，促进当地的文化交流。

# 第8章　行为活动控制

当前我国城市化进程加快,用地越来越紧张,加之人们生活水平不断提高,这对国家湿地公园规划建设提出了更高要求,即在生态保护的同时,注重游客的游憩质量,充分发挥湿地公园的社会服务功能。本章以协调生态保护与游客使用为目标,对交通活动、游人容量以及环境保护三个方面提出了相应的规划控制要求。

## 8.1　行为活动的控制要素分析

### 8.1.1　行为活动对环境的影响分析

湿地公园的行为主要是游客的游憩行为。游憩行为在不同时间和空间下的叠加便形成了游憩行为轨迹。根据游憩活动的类型,游憩行为轨迹可分为点状轨迹、线状轨迹以及面状轨迹三类。

点状轨迹是长时间在某一个空间或地点的滞留而形成的,如垂钓活动,它的运动轨迹由于长时间停留在某处而形成点状。形成点状轨迹的活动通常会对某个地点或场所重复使用,因此,此类轨迹对环境的影响会在同一空间场所或地点上不断地加深。

线状轨迹是点的移动连线而形成的。此类轨迹多出现在运动类或观光类游憩活动中。由于其轨迹具有连续性与延伸性,遍布整个湿地公园,因此其对环境的影响范围也最广。

面状活动轨迹是线状轨迹的重叠与反复,如游船游憩活动的运动轨迹,由于受到资源环境的限制,游船活动只能在水面上循环往复而形成面状。茶室以及康复疗养等行为活动也是如此,这些活动由于受到设施建设的限制,游憩活动的轨迹限制在设施周围,成为面状形态。面状轨迹虽然从其自身面积来看也很广,但其具有一定的界限性,因此,面状轨迹相比线状轨迹有一定的收缩性。

但无论其行为轨迹如何,由于游憩的直接受体始终都是自然环境,游憩活动对自然环境要素会造成不同程度的影响。

1. 游憩对土壤的影响

游憩活动中践踏是对土壤最主要的冲击类型。践踏和机动车的使用致使土壤被压实,密度和渗透抵抗力增加,土壤的结构和稳定性被改变,并且上面的枯落层物质和腐殖质流失,导致渗透率降低,使侵蚀更加严重。而这一系列的变化也会引起土壤生物化学性质的变化,从而使栖息地环境发生改变,致使微观环境以及土壤中物种组成发生变化。游憩使用导致表面有机层减少,土壤被压实,从而致使土壤大空隙丧失,渗透率下降。土壤空气水分通透性降低，改变了土壤有机体群的特征，植物的活力和生长受到影响。最为严重的影响是土壤侵蚀，最直接而显著的是土壤被压实(图8-1)。

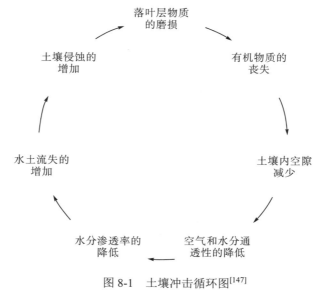

图 8-1    土壤冲击循环图[147]

### 2. 游憩对植被的影响

游憩对植被的影响最直接的是植被覆盖。游憩的践踏直接造成植被覆盖的破坏。

Cole 在俄勒冈伊格尔卡普荒原的营地中，发现践踏造成的植被覆盖损失量达 87%。除此之外，游憩对植被的机械损伤也时有发生，这些主要是由游客的破坏性行为造成的，如攀折等。

### 3. 游憩对野生动物的影响

游憩活动对野生动物会产生直接或间接的影响。游憩活动会直接影响野生动物的习性，并通过对野生动物栖息地的改变而使其物种组成和结构发生改变而产生间接影响。另外，不同物种的野生动物对人类活动的干扰忍受能力不同，同一物种在不同的季节或年龄对于干扰的忍受能力也有差异，这对游憩也提出了不同的要求，而游憩对野生动物的影响有一个特点，即无意识，游憩者可能在野生动物敏感的时期，无意识地对其生存造成压力。

### 4. 游憩对水的影响

游憩活动对水的影响同样分为间接和直接的作用，如游憩活动可能会间接增加湖泊与溪流的温度，暖和的水流会促进水生植物和细菌的生长，从而改变水中的氧气的供养，导致水生态系统的改变。而游船活动会直接导致水体的变化，如使用汽油和燃料发动机的船只，燃料会附着在单细胞浮游生物和其他植物的表面，妨碍生物体中空气和气体的交换。同时，燃油混合气中的化学物质溶于水中也会造成水体污染。而电动船只的推进器在浅水中的拍打和波动可能将水生植物连根拔起,甚至对水体(如溪流底部)造成破坏。游泳、垂钓等还会引起水质的浊度的变化。

## 8.1.2 行为活动的控制要素

根据上述分析,行为活动主要从活动方式、发生地点、活动强度等方面对生态环境造成影响。基于国家湿地公园中行为活动的开展方式及特点,应对交通活动、游人容量以及环境保护三个方面进行控制。

### 1. 交通活动

湿地公园的游憩活动以园内交通组织为基础开展,合理的交通组织能够引导游客行为。交通组织中,一方面要串联主要的景观节点,使游憩活动以一定的序列展开,满足游人的游憩需求;另一方面,要能将游人的活动限制在预设的游线上,减小游憩对环境的影响。

交通要素通过自身属性(如材料、体量)以及整体组织情况(数量及选址布局)引导游人行为,并尽量减少对环境产生干扰。出入口以及游线组织是国家湿地公园交通组织的主要内容,其决定了游憩行为的发生地点以及范围。道路等级在很大程度上决定了游客的游憩方式。道路铺设方式以及路网密度影响园路的交通功能并与生态保护效果息息相关,因此,应对其做出相应的要求。

### 2. 游人容量

游人容量为设施的配比提供参考,以免造成资源的浪费;同时,为后期公园的良好运营提供保障。

### 3. 环境保护

虽然在规划上,游客的使用对环境的影响在很大程度上能通过游憩活动的设置地点、游线的组织进行控制,但游客的使用是动态变化的,而游线组织和游憩活动的设置在规划和建设后却无法频繁变动,因此还需要对环境保护提出要求,结合其他手段规范园内的行为活动。

# 8.2 交通活动控制

## 8.2.1 交通活动分析

行为活动中的交通活动控制主要是通过对国家湿地公园的布局和人群活动进行分析,从而规制和管控道路人行。具体管控要素包括出入口方位和数量的控制,以及道路交通的控制。

1. 城市型

城市型国家湿地公园与城市的关系密切，位于城区或紧邻城区，具有城市公园属性，与周围社区联系紧密。

以邛海国家湿地公园为例，其紧邻西昌城区，公园北部为主要城区，南部多为以湿地为中心发展建设起来的休闲度假产业，包括餐饮、酒店、养生社区等。邛海湿地公园规划面积为 3729hm²，湿地面积约为 3560hm²，有主次出入口共 13 个，主要分布在公园南部地带休闲度假区的观海路上，观海路与城市主干道相连，紧邻城区和周围社区的出入口有 3 个，主入口位于西北处，与城区紧邻。湿地公园道路结构以环状为主，具有湿地野趣与城市人工交融的景观特征。主入口段，以自然野趣的湿地景观为主，游憩性较强。西南沿海具有湿地的景观特征，但又带有城市公园的休闲性。园内设有观光车道、骑行绿道、游步道、小径等(图 8-2 和图 8-3)。

邛海国家湿地公园与城市连接紧密，且兼具了城市公园的功能，可供城市居民休闲健身之用。且规模较大，景观节点较多，因此，多个出入口方便了城市居民，且提供了多种游道形式，方便游人的游览。

图 8-2　邛海湿地公园平面概览①

---

① http://n1-q.mafengwo.net/s10/M00/67/0F/wKgBZ1lOd-qAZ3oUAA0DLu5hQic92.jpeg?imageView2%2F2%2Fw%2F680%2Fq%2F90%7CimageMogr2%2Fstrip%2Fquality%2F90.

图 8-3　邛海国家湿地公园小径、观光车道和骑行道

## 2. 近郊型

近郊型国家湿地公园地处城市边缘，交通较为便利，当地居民和周边城市居民是近郊型国家湿地公园的主要客源。处于城乡交界，因此仍然具有一定的城市性，但自然和野趣性较城市湿地公园更为浓厚。

以香港湿地公园为例，其距离香港市中区 25km，占地面积约为 60hm$^2$。香港湿地公园以米浦保护区为依托，功能定位以湿地自然资源保护与教育为主要目的。设有一个主要出入口，与园外主要交通衔接紧密。园内景观以湿地生境营造为主，以生态原生性为主要特征。游线组织呈单一轴线结构，主要在园内西侧展开，东侧为主要的保护区域，不设游道穿行。园内步道以栈道和一般游道为主，机动车不入园（图 8-4 和图 8-5）。

香港湿地公园位于城郊，且以生态保护与教育为主要功能定位，公园景观以展示自然生态为主，景观节点多以生态教育活动展开，如观鸟屋、观鸟岛等，人工性较邛海湿地公园弱。出于功能和规模的考虑，其出入口数量较少，游道形式也较为单一。

图 8-4　香港湿地公园游线及分区结构图

图 8-5　香港湿地栈道①

### 3. 远郊型

远郊型国家湿地公园周围人迹罕至，原始自然特征保存完好。这类湿地公园可达性相对较差，但通常景色优美，具有极高的风景观赏价值，因此，游览性较强。

以美国大沼泽国家公园（图 8-6）为例，由于国家公园范围较广，因此，其又分为了墨西哥湾区、佛罗里达湾区、鲨鱼谷区等区。每一区域设有 1～2 个出入口与外界交通连接。广阔的环境为游客提供了丰富的游憩机会，游线类型多样，包括一般步道、登山小径、游船道等，以领略自然风光、自然深度体验为主。

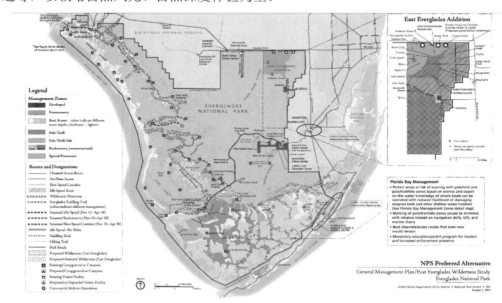

图 8-6　大沼泽国家公园规划图（图片来自大沼泽国家公园总体规划方案）

---

① https://travel.qunar.com/p-oi7526062-xianggangshidigongyuan.

大沼泽国家公园以生态保护和游憩使用为其功能定位，且原生景观资源丰富，园内活动多以自然资源为基础进行游道的设置。由于规模大，其分区设置出入口，并分区限制机动车辆的出入。而出于生态保护和管理的考虑，其每一区的出入口也不过多设置，通常为1～2 个。

综上所述，出入口一般以便捷、可达为主要考虑因素，主出入口与外界主要交通衔接。根据湿地公园的区位、功能定位、规模和管理，设置出入口的数量。在游线的组织上，除上述考虑外，自然及文化资源状况以及景观节点也是游线组织的重点考虑对象。游线组织应串联园内的景观节点，并形成具有一定秩序的游览序列。

### 8.2.2　交通活动控制

#### 8.2.2.1　出入口方位及数量

出入口决定了园区的可达性，并承担了游客集散的功能。因此，出入口应根据国家湿地公园的总体定位，以及不同人群，结合出入口的功能性、环保性以及安全性进行考虑（表 8-1）。

表 8-1　出入口控制引导

| 出入口 | 数量 | 位置 | 功能 |
| --- | --- | --- | --- |
| 主入口 | 1～2 个 | 面向城市主干道或广场，联系城市主要交通路线，避免设于道路交叉口 | 游人主要出入地 |
| 次入口 | >2 | 主要道路旁，靠近周边居住区，或每相隔一段距离方便市民进入而设置。以生态保护为主的湿地公园，次入口数量不宜过多 | 方便周边居民而设置 |
| 专用出入口 | 1～2 个 | 公园较僻静处 | 方便内部工作人员进出，用于园务管理及运输 |

1. 出入口的功能性要求

出入口应与人流方向相对应，主入口应方便所有人群，次入口根据公园区位、定位以及规模，考虑与周边地域的关系进行设置。例如，城市型湿地公园，可结合周围居住和社区分布，设置方便本地居民或周边社区的入口，充分发挥湿地公园的社会服务功能，促进城市的健康发展。若湿地公园定位以生态保护为主，则应减少出入口以便管理。另外，为方便园内的管理及运输也可设置专属出入口，方便内部工作人员进出。

2. 出入口的环境保护要求

出入口的集散功能使得人群往来密集，对环境干扰大，应避免设在环境敏感的区域，并与保护区保持距离。

3. 出入口的安全性要求

对于安全性的考虑，应注意出入口处应有足够的空间供机动车通行、上下游客，根据功能需要和消防管理条例以及其他安全规定设置出入口的数量。

### 8.2.2.2  道路交通控制

#### 1. 道路交通的控制原则

##### 1) 顺应生态要求

游线组织应与环境的地形、地貌相适宜。顺应等高线,减少对地形的破坏,这对于湿地公园本身的环境是一种保护,降低开发对环境的影响,同时也节约了劳动和经济等各项成本。坡度越大,地形地貌越不稳定,容易造成土壤侵蚀。土壤类型决定了排水的好坏。因此,进行游线选址时应综合考虑游线与地形、地貌的适宜性。应尽量避免穿越敏感的栖息地或关键斑块,应与生态敏感的区域保持一定的缓冲距离。

##### 2) 顺应行人需求

游线组织不当造成游客脱离步道、"另辟蹊径"的情况时有发生。例如,步道的设置与游客数量相差太大,步道无法满足游客使用的需求,导致游客脱离步道,而对自然环境造成压力。在规划中,应根据实际环境,在考虑生态保护的同时,兼顾不同人群游憩的需求,结合行为心理学进行设置。步道周围应采用耐踩踏的植被,步道的宽度应考虑游客的使用需求,设计上应以自然曲线为主,对于前方的美景应结合行为心理学,有所遮挡,或结合植被或地形限制空间,将游客留在步道上。

#### 2. 道路交通控制的实施

##### 1) 游线组织

游线组织一般以景观节点的串联展开,可分为单一轴线式、单环式和多环式三类。

单一轴线式[图 8-7(a)]的主要游线以单一轴线展开,次级道路以及其他游步道围绕单一轴线发展。通常游人需要以同样的路线回到主路,此种方式对游人的限制度大,可将游人的行为活动固定在一定的范围,适合环境较为敏感的区域。香港湿地公园的游线组织便是此种形式。

单环式[图 8-7(b)]的主要游线呈环形,串联主要的景观节点,避免了单一轴线的重复路线,但如若出入口较少,供游人选择的路线也较少。邛海国家湿地公园属于单环式,但其出入口多,可供游人选择不同的路段。单环式组织方式可根据湿地公园的定位与规模,结合出入口为游人提供不同的游览形式。

多环式[图 8-7(c)]指在单环式的基础上为游人提供了多样的游线选择。可通过改变环状的大小,调整游览的路线长度,满足不同人群的使用需求。此种模式适合于与城市以及周围社区联系紧密的湿地公园。

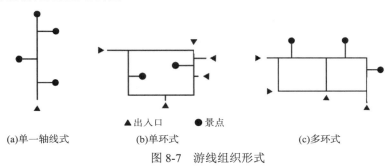

(a)单一轴线式              (b)单环式              (c)多环式

▲出入口    ●景点

图 8-7  游线组织形式

水上游线的组织应以展示湿地生态景观特色和当地人文景观为主。

2) 道路等级与要求

一级园路是园区内主要的游览步道,连接着主要景区或景观节点,与主要出入口相连,并承担运输、消防的功能。参考《公园设计规范》(GB 51192—2016),结合国家湿地公园规模的情况,一级园路宽度应大于 4m,一般在 4~7m,以提供便捷的交通服务。

二级园路是园内主要的游览步道,作为主干道的分支与各景点相连接,一般宽 3~5m。

三级园路是完善区域内部交通的景观游览步道,如木栈道、亲水步道等。一般宽 1.5~3m,是通往某一具体空间的途径,多为游人散步、游赏用,设计上应以提供精致的景观和通达的功能为主。

小径是为补充游步道或与景观营造辅助的道路,宽度一般不低于 0.9m,保证在两人相遇时能侧身通过。小径的设置应以野趣、自然为主。

3) 路网密度

路网密度影响园路的交通功能和游览效果,路网密度越高,能够承载的游人数量越多,但景观破碎化程度越高。路网密度过低,通行不便,造成对自然资源的破坏。根据《公园设计规范》对公园路网密度的调查,一般公园路网密度为 200~380m/hm²,平均为 285m/hm²。根据城市湿地公园设计导则,其综合服务区的路网密度限制在 150~380m/hm²,缓冲区的路网密度限制在 100~200m/hm²,国家湿地公园规模普遍较城市公园大,且生态系统一般较城市湿地公园完整,因此,国家湿地公园的路网密度应低于城市湿地公园的路网密度。但各个湿地公园有其自身的具体特点,应根据具体情况做出调整。

4) 铺设方式

游径的铺设包括铺设方式和材料的选择。游径的铺设主要有贴面式和架空式。贴面式耐冲蚀、工程造价低,但对原生环境有一定的影响。架空式能保留环境原始特征,对生物的活动影响较小。游径的铺设材料不仅会影响场地内排水,还会对游客的视觉以及游憩体验产生影响。

目前,常用的游径材料主要包括自然表层、水泥土表层、沥青表层、混凝土表层、分级石骨料表层、颗粒石表层、碎木纤维表层和木质表层。其在造价、需要维护的程度以及对环境的影响上各有特点(表 8-2)。

表 8-2　游径铺面材料的优缺点

| 游径铺设类型 | 优点 | 缺点 |
| --- | --- | --- |
| 自然表层 | 原始自然,乡土气息浓,成本投入最低,维护也较少,对后期道路改进有较好的适应性 | 使用强度和利用上有一定局限性,不大能适应所有的天气变化,美观性受到限制 |
| 水泥土表层 | 使用自然材质,造价低,用途更为广泛,表面更光滑 | 成本高,铺面不平,难以达到正确的混合度,不能适应所有天气 |
| 沥青表层 | 表面坚硬、不会被腐蚀,适于多种用途,适应各种天气,维护费用低 | 铺设造价高,不是自然铺面,冷凝和扭曲都会造成铺面破坏,影响自然景观 |
| 混凝土表层 | 表面坚硬、平坦,不怕结冰与解冻,用途多,适应各种天气,维护较少 | 非自然形态,容易导致表面崎岖,铺设和维修费用高 |

| 游径铺设类型 | 优点 | 缺点 |
|---|---|---|
| 分级石骨料表层 | 表面粗糙，用途广，能适应高强度使用，造价适中 | 石角可能比较尖，表面不平，易受侵蚀，需要经常维护 |
| 颗粒石表层 | 自然材质，造价适中，表面柔软，利于行走 | 表面容易受到侵蚀、冲刷，需要经常维护 |
| 碎木纤维表层 | 自然材质，造价适中，表面柔软，利于行走，舒适感较好 | 铺设条件限制性大，在高温、潮湿、阳光的作用下会腐烂，需要长期投入进行维修 |
| 木质表层 | 自然材质，柔韧性好，用途广，对生态环境的破坏较少，能够将自然景观、溪流、生态敏感区和软土等有机结合，很好地融入自然中 | 用途受到一定影响，在阳光、风灾、潮湿的条件下容易打滑和导致火灾，铺设造价高 |

在选择游径铺设方式时，应综合环境的敏感性、使用功能以及美观性对铺设的方式和材料做出选择。对于敏感度不高的区域可以使用贴面式。对于生态敏感的区域可使用架空式，减小对环境的干扰。在游憩密度大、使用强度高的区域，应选择耐磨、不易损坏的游径材料，同时考虑游径材料与周围环境的融合性，尽量采用当地材料进行铺装。对于路面较宽的道路，自身若不具有渗透性，则可结合植草沟、雨水滞留、与园内其他具有滞留或渗透雨水功能的绿地，或构建雨水花园，引导园内雨水的收集和处理。

# 8.3　游人容量控制

游人容量是在保证游憩活动开展不损害生态环境、不对当地社会人文造成冲击的前提下，考虑空间设施的承载力，游人的心理和安全的空间可容量的量化参考。当前主要采用的计算方法包括面积法、游线法，并综合自然环境容量、人工环境容量、社会环境容量等，以人均占有空间面积的指标进行测算。因此，相关指标的测定成为游人容量计算的关键。

不同的地域条件、社会经济背景、自然环境条件，旅游区的容量计算标准也有所不同。我国的不同旅游区或公共活动空间相关规划设计规范中，对游人容量的计算标准有一般性的要求。而对于不同区域游览方式，游人容量估算方式也有所差别。

由于主要是开发区提供游人集散、游人服务活动，因此应主要以开发区的空间面积进行游人容量的计算。而在缓冲区，开展的活动多以线性游览为主，因此应以开展活动的游线长度或面积进行计算。

湿地公园的核心活动在缓冲区，因此缓冲区提供的游憩体验质量十分重要。根据环境心理学原理，个人在活动时会有一个安全空间范围，而一旦安全空间范围受到侵占，会引起人体精神或情绪上的不安，会影响到游憩体验。过多的人流量还带来不规范的游憩行为，更加降低了游人的体验。因此，缓冲区的游人容量控制尤为重要。

## 8.3.1　基于拥挤度感知的游人容量调查

游憩体验是游客在从事游憩活动中，在对从环境中获得的信息进行处理后，对个别事项或整体所产生的判断和呈现的心理生理状况。研究表明，人体对信息的获取87%来自眼睛[126]。基于此，本书选取了湿地公园中常见的三种步道：普通步道、木栈道和景观桥，对公众进行了拥挤程度和满意度的调查，以获取最适的人均步道面积。

1. 研究方法

在天气环境、光线条件以及拍摄方式一致的条件下，选取了湿地公园中常见的三种步道类型：普通步道、木栈道和景观桥，拍照记录，并对拍摄区域面积进行测量和记录。通过影像模拟的方式模拟不同游憩使用程度下的人数分布，并通过问卷调查的方式，让公众对不同步道使用程度下的拥挤度感知和满意度评分。问卷于 2017 年 11 月中旬的周末时间在崇州桤木河湿地公园向公众发放，共发放问卷 170 张，收回 170 张，有效问卷 170 份。

拍摄的普通步道、木栈道和景观桥的面积分别为 $20m^2$、$20m^2$、$18m^2$，人与人之间交谈互动所保持的距离为 0.5～1.5m，由此假设人活动所需的最小面积为 $1m^2$，则步道能承受的最大游客量为其面积数。人数以 3 人为一个区间，分别设置了游步道 10%、25%、40%、55%、70% 的使用度的模拟照片(以普通步道为例，见图 8-8)。以五级量表(1 分代表非常拥挤，不满意；5 分代表不拥挤，满意)来调查公众对步道使用程度的拥挤度和满意度感知。

图 8-8　步道人数模拟

2. 数据分析与结果

1) 不同步道间拥挤度感知和满意度的比较

不同步道间满意度的平均值随步道使用程度的增加而降低。将不同步道间的拥挤程度感知和满意度进行方差分析发现，普通步道与木栈道和景观桥对使用程度的满意度差异明显。说明同等使用度下，公众对普通步道的满意度较木栈道和景观桥明显较低(表 8-3 和表 8-4)。

表 8-3　满意度平均值

| 项目 | 步道使用程度 | | | | |
|---|---|---|---|---|---|
| | 10% | 25% | 40% | 55% | 70% |
| 普通步道满意度 | 4.21 | 3.15 | 2.72 | 2.02 | 1.64 |
| 木栈道满意度 | 4.82 | 4.24 | 2.87 | 2.21 | 1.82 |
| 景观桥满意度 | 4.32 | 3.89 | 2.72 | 2.21 | 1.53 |

表 8-4　不同步道间的满意度比较

| 因变量 | 分组 | | 均值差 | 标准误 | 显著性 |
|---|---|---|---|---|---|
| 满意度 | 普通步道 | 木栈道 | -0.344* | 0.127 | 0.007 |
| | | 景观桥 | -0.405* | 0.119 | 0.001 |

注：*表示均值差的显著性水平为 0.05。

2) 公众对不同步道间拥挤程度的接受度

一般认为人的情绪反应是非线性变化的，从最开始强烈的情绪反映到逐渐缓和，非线性变化的过程更符合对数曲线变化。因此，将使用程度与拥挤度感知以及满意度的关系作对数图，可得到公众对不同游步道使用程度和游客满意度随使用程度变化的趋势图(图 8-9)。

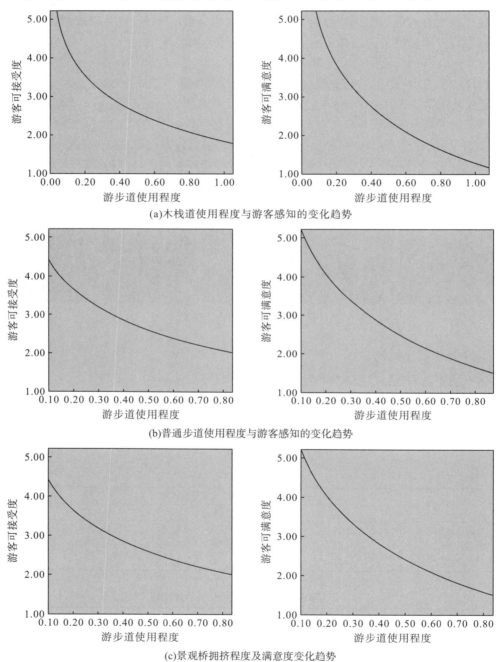

(a)木栈道使用程度与游客感知的变化趋势

(b)普通步道使用程度与游客感知的变化趋势

(c)景观桥拥挤程度及满意度变化趋势

图 8-9　不同步道使用程度与游客感知的变化趋势

评分为 3 时是拥挤程度感知与满意度的中间值，可看作临界值，评分大于 3 时公众认为拥挤程度加剧；对于满意度评分，大于 3 分，满意度增加。因此，以 3 分为可接受的拥挤极限。在拥挤度评分为 3 时，3 种类型步道使用度都约为 32%，与方差分析一致，表明三种类型步道的拥挤程度感知没有明显差异，在拥挤程度忍受极限内的最多人数为 6 人，人均占有的步道面积为 $3m^2$。

### 3. 结论与讨论

在三种步道的使用度相同时，满意度差异明显，且普通步道较木栈道和景观桥的平均满意度低，出现这种情况的原因可能跟步道铺装及周围环境差异有关，需进一步探讨。得出的心理能接受的最大拥挤程度是人均占有面积为 $3m^2$，而根据一般公园等设计规范，其心理容量并未成为限制因子。且三种步道的拥挤度感知差异不显著，说明在三种步道上公众对拥挤程度的感知具有一致性，但造成这种结果的影响因素很多。不同人群、游步道的状况、环境状况都有可能影响人对拥挤程度的感受和满意度。因此，在游人容量的估算上应在一般情况的基础上针对不同的湿地公园根据具体情况进行调查和调整。

## 8.3.2　游人容量控制

根据对新津白鹤滩等 14 个国家湿地公园的旅游环境容量的情况分析(表 8-5)可知，湿地公园平均密度最高的为渠县柏水湖国家湿地公园，为 $1.57hm^2/$人，密度最低的是肇源莲花湖，为 $0.01hm^2/$人。国家湿地公园的人均占有公园面积为 $100\sim1600m^2$。

表 8-5　国家湿地公园旅游环境容量

| 国家湿地公园 | 面积/$hm^2$ | 湿地面积/$hm^2$ | 旅游环境容量/(人/日) | 平均密度/($hm^2$/人) |
|---|---|---|---|---|
| 浙江与旋门 | 3148.00 | 2860.00 | 9031 | 0.35 |
| 西安浐灞 | 798.20 | 385.00 | 9231 | 0.09 |
| 肇源莲花湖 | 115.00 | 65.00 | 16342 | 0.01 |
| 渠县柏水湖 | 689.55 | 257.31 | 440 | 1.57 |
| 新津白鹤滩 | 588.00 | 552.00 | 3078 | 0.19 |
| 莫愁湖 | 1664.00 | 1609.00 | 12612 | 0.13 |
| 惠亭湖 | 3832.00 | 2400.00 | 34610 | 0.11 |
| 宁德东湖 | 624.00 | 606.00 | 3914 | 0.16 |
| 湖南水俯庙 | 21266.00 | 10694.00 | 30955~60134 | 0.35~0.69 |
| 闽长乐江河口 | 282.00 | 258.00 | 4483 | 0.06 |
| 德清下渚湖 | 3739.00 | 115.00 | 6203~10997 | 0.34~0.60 |
| 江堰溱湖 | 2600.00 | 858.00 | 9616 | 0.27 |
| 云和梯田 | 2192.00 | 875.00 | 7152 | 0.31 |
| 黄沙古渡 | 3244.00 | 2131.00 | 7817 | 0.41 |

《公园设计规范》中，给出了不同公园类型的人均占有公园陆地面积的指标，综合公园、专类公园、社区公园以及游园的指标为 $20\sim60m^2/$人[149]。《城市湿地公园设计导则》

中将综合管理与服务区人均占有的公园陆上面积的指标标准定为 60～80m²/人，在其他区域每人所占平均道路面积指标为 5～15m²/人，水上活动的人均占有面积为 200～300m²/人[150]。《风景名胜区规划规范》中，按照不同景点类型，考虑了环境的生态容量，将人均占有的平均游览面积制定为主景景点 50～100m²，一般景点 100～200m²/人[151]。

城市湿地公园较一般公园生态性和保护性更为突出，这一点与风景名胜区的规划理念更为相似。城市湿地公园综合服务区是游客的集散地，且生态敏感性一般，而国家湿地公园的保护性较城市湿地公园更强，因此在参考两者的基础上，根据比例计算，得出国家湿地公园开发区人均占有的陆地面积为 64～72m²/人，平均所占道路面积为 5～22m²/人，人均占有的水上活动面积为 267～360m²/人。

针对不同的区域，根据国家湿地公园的区位和定位，对每一区域自然或文化资源的期望水平，以及该区域可提供的游客服务或期望的游憩体验标准制定该区域的发展或保护目标，以目标为导向，设定不同分区的游人容量。

例如，美国国家公园通过对每一区域的自然文化资源提出管理的期望条件，并对每一区域可能影响游憩者体验的因素进行调查，制定每一区域的管理和监测计划，以保证自然文化资源的改变程度在可接受的极限范围内，为游客提供最好的游憩体验。

# 8.4　环境保护控制

为规范游客活动，降低对湿地生态的破坏和干扰，还应制定目标，结合其他措施对敏感的自然资源进行保护。

## 8.4.1　生态保护的环境控制要求

1. 水上活动环境保护控制

水上游憩活动会造成水温上升，水环境发生变化，改变湖泊和溪流中生物的生长状况，造成某些植被的生长，水中的氧气供给与水生体物种组成也发生变化。而使用燃油的船只可能造成水质污染，手摇船也可能损伤为水生动物提供栖息地的水下植物，对其栖息地造成干扰和破坏。因此，应针对具体的水上游憩环境，制定监测指标。在水深较深的区域，水质是主要监测对象，在水深较浅的区域，应对敏感植被的破坏情况进行监测，并制定相应的标准。例如，在佛罗里达的大沼泽国家公园中，以游船对海草床的刮痕作为指标监测，其结合长期对河床海草的监测和研究，将管理的目标和标准制定为每年在基线条件下河床疤痕数目和长度至少减少 5%。

水质和植被状况可作为水环境影响的监测指标。对于水质，主要针对地表水进行监测，根据《中华人民共和国地表水环境质量标准》，水质的监测指标主要包括 pH、溶解氧、五日生化需氧量、高锰酸钾指数、氨氮、总硬度、挥发酚、总砷、总磷、总氮、叶绿素 A、透明度 12 项。现阶段湿地公园水质按照《中华人民共和国地表水环境质量标准》(GB 3838—2002)执行，湿地公园水质一般按照地表水Ⅲ类执行。对游客进行水质环境保护以及公园相关管理条例及规范教育是主要的管理和控制策略。另外，对相关区域进行标识和说明也是有效的控制方式。当使用超标时，关闭相关区域也是可行的措施。

### 2. 其他自然资源的保护控制

#### 1) 对鸟类栖息和筑巢的干扰控制

湿地公园是众多鸟类的栖息地，而研究表明，这些鸟类在筑巢和觅食期间对人类干扰特别敏感。因此，将鸟类的栖息受到的干扰情况作为游憩活动使用强度的控制指标，能很好地保护和恢复鸟类的栖息地。

Rodgers 和 Smith 记录了游船和人类其他公共使用活动对鸟类的干扰。佛罗里达大沼泽国家公园应用了这一研究结果，并制定了人类活动对鸟类栖息和筑巢干扰的标准。

#### 2) 对游径及其相关环境影响的控制

由于拥挤或其他原因，游客有偏离指定游径的现象，而造成土壤和植被的破坏。因此，针对非制定游径的开辟应进行控制。同时，即使在游径上的活动也会造成土壤板结、周边植被变化的情况。因此，也应进行相应指标的制定，如以土壤表层变化为指标，根据游人活动的强度提出每一区域活动强度的要求，以保证湿地公园的可持续发展。

#### 3) 游客对文化资源的改变程度控制

游客对文化资源的破坏包括对历史建筑的磨损和历史建筑的故意破坏等。应对文化资源建立描述和评估体系，对其划分等级，制定保护目标。控制及保护措施包括进行相关的保护教育、增加完善相关标识、关闭相关区域等。

## 8.4.2　环境保护措施

### 1. 加强生态保护教育

只有当游客有生态保护意识时，才会自觉地去保护生态。因此，生态保护教育应长期坚持并加强。同时，还应该针对国家湿地公园的行为规范及相关条例进行教育，如游客使用相互间的礼仪等，并制定相应的监督和管理计划，加强管理和执行。一方面，规范游客的使用，降低对环境的影响。另一方面，规范游客的行为，减少游客相互间的冲突，保证游客的游憩质量。

### 2. 增加管理标识或设置障碍物

对于特别保护区域，或特别敏感、使用需注意的资源，可在相应位置增加管理标识，提醒游客注意，或进行详细的说明。一方面管理标识和障碍物的设置是一项灵活的管理措施，可针对时间、容量对游憩使用进行控制，做出临时性的调整，另一方面，解释性的标识也是与游客的一种沟通方式。对于需要关闭使用、进行保护的区域或资源可设置障碍，避免游客使用。

### 3. 完善信息发布设施

实时的信息发布可以及时与游客沟通,尤其在游憩使用的高峰期。拥挤或游憩设施的过度使用不仅会造成不好的游憩体验,还可能存在安全隐患,其对于游憩设施与环境资源也是一种极大的威胁。游客可根据发布的信息进行游憩路线或游憩时间的选择,避免高峰拥挤或游憩设施的过度使用。

## 8.5　小　　结

本章内容首先对行为活动造成的环境影响进行了理论分析,在此基础上提出了根据行为活动对交通活动、游人容量以及环境保护三个方面的控制要求。

交通活动控制,首先以邛海湿地公园、香港湿地公园以及大沼泽湿地公园为例分析了城市型、近郊型以及远郊型湿地公园的交通活动特点并在此基础上总结了对出入口和游线组织的要求:城市型国家湿地公园,与城市连接紧密,且兼具城市公园的功能,为城市居民提供休闲健身的机会,规模大,景观节点多,多个出入口的设置方便了城市居民;近郊型国家湿地公园以生态保护与教育为其功能定位,其景观呈现以展现自然生态特征为主,景观节点多以生态教育活动为主题,出于功能和规模的考虑,其出入口数量少,游线形式单一;远郊型国家湿地公园,以生态保护和游憩使用为其功能定位,原生景观资源丰富,园内活动多以自然资源为基础进行游道的设置,其规模大,出入口分区设置,并限制机动车辆的出入。出于对生态保护和管理的考虑,其每一区的出入口也不过多设置,通常为1～2个。

出入口设置以便捷、可达为主要考虑因素,主出入口与外界主要交通衔接。根据湿地公园的区位、功能定位、规模和管理设置出入口数量。在游线组织上,除上述考虑外,自然与文化资源状况以及景观节点也是游线组织的重点考虑对象。游线组织应串联其园内的景观节点,并形成具有一定秩序的游览序列。

通过交通控制分析,本书认为,道路交通控制应顺应生态和游人需求。游线组织根据其对景观节点的串联方式可分为单一轴线式、单环式和多环式,各有优缺点。规划时应对湿地公园定位和规模进行选择。在两个原则的指导下,参考相关规划设计规范,以及在实践的基础上对国家湿地公园的道路等级、路网密度以及铺设方式提出相应的控制要求。

游人容量一般以人均占有的公园面积和游线长度,按照面积法和游线法进行计算。根据一般公园、城市湿地公园的情况,在国家湿地公园实践的基础上,提出了国家湿地公园适宜的人均面积和游线指标。但具体的游人容量应根据不同区域、设施状况,制定每一区域自然或文化资源的期望水平,以及该区域可提供的游客服务或期望的游憩体验标准,以目标为导向,设定不同分区的游人容量。为规范游人行为,应对相关资源制定保护目标,并结合生态保护教育,增加管理标识,完善信息发布设施,协调湿地公园的生态保护与游人使用。

# 第9章 景观规划控制

湿地公园景观是由湿地公园实体环境构成的视觉图案，是游客对湿地公园形象认识的主要来源。湿地公园景观规划的控制目标就是通过对组成实体环境的具体要素进行控制，突出湿地景观的整体和谐与自然特征，并提高公众对景观的良好感受。

## 9.1 国家湿地公园景观

### 9.1.1 景观分类

**1. 按属性分类**

湿地公园的景观按其属性分为自然景观和人造景观。自然景观主要是指以自然地理条件形成的景物。人造景观是指以人工营造的或以人工要素为主体的景观，常为丰富湿地公园的景观类型或增加游览趣味而设置。例如，西溪湿地中以渔人文化营造的村屋、名居等。人造景观的景观要素主要是建筑、山石、植物以及景观小品等（图9-1）。

图9-1 湿地公园中的人造景观[1][2]

**2. 按形态分类**

国家湿地公园的景观按其视觉特征及形态分为三种类型：点状景观、面状景观与线状景观。

点是空间最基本的组成形式，在几何学上没有大小、没有方向，只有位置。在湿地公园中，点状景观多为建筑或构筑物，如科普教育博物馆、游客中心等单体建筑，以及与人文景观相关的历史建筑等。其常成为视线的焦点，带有汇聚性与象征性。

---

[1] https://travel.qunar.com/p-oi7526062-xianggangshidigongyuan.
[2] https://club2.autoimg.cn/album/g7/M0C/49/33/userphotos/2016/09/18/10/500_wKgHzlfd_YqAIsklAA7qT7VA2Zk520.jpg.

　　面状景观具有发散的视觉特征，因此面状景观包含的要素较多，进入视线范围的实体都是面状景观的组成要素，主要包括山体、水体、植被与建筑。山体通常作为背景，是天际线的主要构成部分。水体主要是湿地水面，通常作为全景式景观的前景。植物是全景式景观的重要组成部分，丰富了立面的轮廓形态以及层次，植物种类以及季相变化丰富了景观色彩。建筑群的不同体量与组合方式影响着景观的视觉效果。这些元素间的搭配随比例、色彩的变化，呈现出不同的景观特点，给人不同的视觉感受(图 9-2)。

图 9-2　国家湿地公园面状景观

　　线状景观的空间性较强，具有明显的空间视野限制性与方向性。湿地公园中的线状景观主要由道路、水系组成。线状景观的组成元素包括围合空间的要素与进入视线的景观元素，主要由植物、铺装组成。

### 9.1.2　景观要素

#### 1. 自然要素

　　湿地公园中自然要素主要由山体、植被与水体组成。山体通常作为湿地公园景观的背景，山体形态常与其他实体景观要素形成一种"图-底"关系。由于湿地公园通常地势平坦，人工建筑数量较少，普遍低矮，山体轮廓常成为湿地公园天际线的主要构成部分。植物是湿地公园景观中最基本的组成要素，其能够塑造空间、限制视线，完善其他景观要素，其组成的林冠线能够丰富立面的轮廓形态以及层次。水体主要指湿地水面，其与植物构成湿地景观的符号，并组成湿地公园景观最基本的色调。

#### 2. 人工要素

　　建筑是湿地公园景观中主要的人工要素。建筑包括单体建筑与建筑群。湿地公园中的建筑主要分为两类，即服务型建筑和景观型建筑。游客接待中心、科普教育馆、餐饮服务建筑和公共厕所等是湿地公园中主要的服务型建筑。景观型建筑是为观景或作为造景用的建筑或构筑物，主要包括观鸟屋、观景台等。建筑群通常来自湿地公园周围的社区或居民点。铺装在引导游人、限制空间等方面提供实用功能的同时，也起着完善景观的作用，在美学功能方面也是重要的因素之一。铺装与周围环境的和谐与否直接影响了景观质量以及游客对于整体景观的感受。

组成景观的各要素之间通过其自身的属性以及它们之间的组合关系形成湿地公园景观不同的视觉感受。形状与体量、色彩以及肌理是各要素的基本属性。形状与体量为各实体要素描绘了轮廓特征。色彩是视觉在辨别众多物体时，首先得到的信息。肌理是物体表面的组织纹理结构，各种纵横交错、高低不平、粗糙平滑的纹理变化，通过视觉与触觉给人对材质的外在感知。组合关系是指各要素间通过数量比例、体量大小、位置关系、集聚程度等呈现出的整体景观形态。

景观规划控制就是要从各要素的自身属性与其组织关系入手，协调个体要素与周围环境的关系，以及各要素组成的整体景观与湿地环境、视觉感受的关系。人工要素是破坏湿地整体环境特征与平衡的主要因子，应特别对人工要素做出要求。在保证各要素组成的景观与湿地公园景观特征相协调的基础上，从视觉感受出发，提出不同类型景观的规划引导。

## 9.2　景观规划控制原则

### 9.2.1　低环境影响

环境保护和可持续发展是国家湿地公园规划和建设的第一要则。景观设计的低环境影响主要表现在与环境的适应性和融合性上。以本底环境为基础，巧妙利用环境特征，进行景观的建设和营造，降低对自然与文化资源的影响以及对自然与文化环境的影响，如选址布局要顺应地形地貌、气候条件，尽量使用本地或环保材料，保持景观形态与湿地自然环境以及当地文化氛围的协调性和融合性等。

### 9.2.2　公众的良好感受

国家湿地公园合理利用的主要形式是生态旅游，因此，公众的感受是其合理利用成效的一种体现。现今土地内向化的节约式发展对国家湿地公园的规划和建设要求越来越高。随着城市环境的恶化，高转速的生活节奏与高质量的生活要求，使现代人对健康越来越关注。因此，游客对于生态旅游已经开始从单纯获得自然景观风光的纯视觉性享受，逐渐向休养生息，放松身心，并注重服务质量的多层次、高要求转变。因此，在景观营造上，不仅需要考虑视觉审美，还要考虑视觉景观的综合作用，如舒缓情绪、放松身心等。结合视觉审美、舒缓情绪的景观特征对国家湿地公园景观营造做出引导。

# 9.3 人工景观要素控制

## 9.3.1 建筑建造控制

国家湿地公园中以自然景观为主，建筑属于人工要素，过多或过于突兀的建筑会导致湿地公园过度规划的印象。因此，建筑体量、外观造型以及整体比例是其主要的控制内容。对于建筑的体量一般从高度上进行控制，建筑单体的建筑面积不作特别要求，而从建筑整体的占地比例进行要求。建筑的外观要求主要体现在建筑色彩、材料以及造型上。

1. 高度控制

建筑作为人工要素，容易破坏整体环境的自然性，但一些景观类建筑又具有丰富景观层次的作用。因此，根据建筑类别的不同，其高度控制应有所区别。

对于服务型建筑，特别是大型建筑，如游客中心、科普宣教中心或餐饮服务建筑，应严格限制其高度。服务建筑层数以 1 层或 2 层为宜，不宜超过 3 层。起主题或点景作用的景观类建筑物高度可视功能和景观的需要，以低环境影响为原则进行控制。

2. 建筑整体用地比例

过多的建筑不仅会有损环境的自然性，还可能对生态过程造成影响。因此，应对建筑整体用地比例进行控制，详细要求在第 5 章已经阐述，这里不再赘述。

3. 建筑色彩

建筑色彩应与环境相协调，具体可从与自然的协调性和与文化特色的协调性两个方面进行考虑。

湿地环境中占据大多数的是植被、土壤、山石以及水体，这些要素以沉稳和低调的色彩为主。因此，可从自然中提取颜色，弱化非自然色彩，采用沉稳、低调不明显的色彩表现与自然的协调（图 9-3）。

图 9-3　建筑色彩与自然环境的协调[1][2]

---

① http://photocdn.sohu.com/20150407/mp9594979_1428376841638_2.jpg
② http://mms2.baidu.com/it/u=3797669594,2525557142&fm=253&app=138&f=JPEG&fmt=auto&q=75?w=500&h=334

色彩可以作为一种符号，与当地的历史人文环境、地域特征相联系，既是对当地文脉的一种传承，也是对当地人文风情、历史文化的扬颂。例如，长广溪国家湿地公园内反映蠡湖历史文化的石塘廊桥，颇具江南特色，青瓦白底朱栏，对比中又不失协调，使之成为园内标志性景观之一（图9-4）。

图9-4　文化特色在建筑色彩中的应用[①]

### 4. 建筑材料

建筑材料应与环境相协调，并具有可持续性，可从材料材质肌理与环境的协调性，以及材料的耐久性和耗能性入手。

不同的材质传达给人不同的信息，如钢材给人冰冷、硬朗的感觉，木材给人古朴、自然的感觉。选择什么样的材质与环境有密切的关系，取决于设计师希望营造一个什么样的空间，传达一种什么样的感受。对于湿地公园来说，自然、野趣并富有乡土特征的景观是最适宜的。因此，材质的选择上应配合环境、传承地域文脉。

建筑材料的低影响应该将材料的整个生命周期都纳入考虑中。建筑材料的生命周期是指其从生产加工到运输建设，再到使用，最后回收到分解的整个过程。一种材料是否可持续，是否生态，要从其整个生命周期的耗能进行评估。因此，应选择低能耗、耐使用的材料。就地取材或乡土材料的使用，不仅减少了运输的消耗，大大增加了自然性，若使用得巧妙还可增加景观的趣味性。

### 5. 建筑造型

建筑造型要与环境条件相适应，保持与周围环境的协调性。利用自然做工，减少能源的消耗。考虑人的使用感受，减少因环境造成的不适。充分利用造型化解气候条件的不适，减小能耗。例如，坡屋顶的坡度能够引起风的偏移并加大涡流区的高度与宽度，从而减小风对建筑或游客的影响。除此之外，可将当地建筑的传统造型与工艺融入建筑的设计中，实现对地域文化的表达。

## 9.3.2　铺装控制

铺装通过材料的大小、质感、间距以及铺装路面宽度，将人的活动限制在设定的游径

---

① http://mms2.baidu.com/it/u=1920660106,243126846&fm=253&app=138&f=JPEG&fmt=auto&q=75?w=600&h=389

上，影响人们行进的速度和节奏。铺装路面越宽，运动的速度越缓慢；路面越窄，运动速度越快。在线型道路上行走时，人的行走节奏包含了两部分：落脚点和步伐大小。因此，铺装的尺寸、间距、材料以及宽窄变化能形成不同的步伐节奏。

铺装能暗示空间，一方面界定空间，另一方面影响空间的视觉比例。铺装对于空间的界定作用主要表现在材质和路面宽度的变化上。例如，在湿地公园中，大理石等硬质的铺装多出现在人工化较重的区域，如游客中心、靠近城市的滨河段等；碎石路、石板铺装多出现在较自然的区域，而木栈道多用于有水域的区域。通过铺装的大小、铺砌形状以及间距能改变空间比例。形体较大、开展的铺装会给人宽敞的空间感，而较小、紧缩的形状赋予了空间压缩和亲密感（图9-5）。

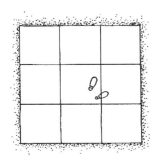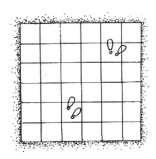

图 9-5　铺装尺寸与空间感

因此，应从铺装材料的尺寸、间距、材料选择以及铺装路面宽度进行控制。铺装路面宽度，应与湿地公园的规模和游人容量相适应。

铺装材料的尺寸、间距、材料选择都应根据景观需求，灵活采用。另外，铺装材料的选择还应考虑生态性，主要表现在铺装的透水率上。不透水铺装影响雨水的自然循环过程，因此，透水率可作为材料选择的参考指标。同时，还应考虑诸如防滑等的使用安全性，以及避免眩光等对游人造成的视觉不适。

## 9.4　不同类型景观控制

景观是由各景观要素组成的视觉总体。感知由外界刺激，并经大脑处理，从而产生情感反馈。研究显示，人们从外界接收的信息中，80%是通过视觉获取。因此，景观的好坏将直接影响到游人对湿地公园的整体感知。

本节将从景观对人心理和生理的影响，基于各景观要素的组成关系及特征，探讨景观质量的好坏，以期为景观的高质量、高效益的营造和建设提供依据和指导。

### 9.4.1　基于视觉感知的景观引导分析

关于视觉景观的评价在学界已形成公认的四大学派：专家学派、认知学派、经验学派以及心理物理学派。各学派各有优点也各有局限。

　　专家学派主张形式美原则，基于美学和艺术等方面的专家对景观质量进行判断和评价。但过于注重专家的评判，导致景观的评价结果过于主观。认知学派将人过去的经验与风景审美判断联系起来，把风景作为人类生存空间和认知空间来评价。经验学派强调人的社会文化属性。认知学派受限于公众的自然性，而经验学派过于强调公众的社会文化属性，两者互为补充。

　　心理物理学派将景观看作刺激物，把景观审美看作是对景观刺激的反应，通过心理物理学信号检测的方式进行景观评价。心理物理学派的评价方法是风景评价方法中最严格的一种方法，一方面由公众参与评价具有一定的主观性，另一方面，它能客观地反映景观的物理特征，避免了因形式美原则和生态原则所带来的局限。因此，本书采用心理物理学方法，通过对不同类型的湿地公园景观的视觉评价与分析，试图解答公众偏好的景观特征，以期从游客视角为湿地景观以人为本的规划控制提供依据。

### 9.4.1.1　研究方法与过程

#### 1. 基于 SD 法的指标构建

　　在各类型的湿地景观中，植物、水体和人工要素始终都是湿地景观的重要组成部分，人工要素与自然要素的构成以及主导性，决定了景观的自然程度。植物种类的数量以及其配置的状况，体现了景观的秩序性。此外，环境和空间因素也会影响人们的偏好，因此选取了湿地特征的显著程度、空间开敞度、环境复杂程度以及环境吸引力作为评价因子。运用 SD 法形成了评价因子的 6 个形容词对（表 9-1），采用五点量表作为湿地景观的评价尺度。

表 9-1　基于 SD 法的湿地景观评价因子

| 评价因子 | SD 词组选择 |
| --- | --- |
| 自然性 | 人工的——自然的 |
| 秩序性 | 杂乱的——有秩序的 |
| 湿地性 | 环境无湿地性——环境具有湿地性 |
| 丰富度 | 环境单调的——环境丰富的 |
| 空间感 | 封闭的——开敞的 |
| 吸引力 | 有吸引力的——无吸引力的 |

#### 2. 研究设计

　　本书通过对四川国家湿地公园(包括广元南河国家湿地公园、西昌邛海国家湿地公园、阆中构溪河国家湿地公园、广元柏林沟国家湿地公园)的实地调研，拍摄了湿地景观图片，并按点状、线状、面状景观进行了分类。由于点状景观较少，且与面状景观在组成上具有一定的相似性，因此最终选取了 15 张线状景观以及 15 张面状景观照片作为实验对象。

　　为控制变量，照片拍摄选取光线较好的时间段内，并一律顺光横向拍摄，拍摄高度统一成直立与眼睛高度一致，镜头方向与人垂直且保持相同的景深和角度，并尽量避免将人、车辆等拍摄在内。

　　研究显示，不同群体的评判者在审美态度上具有显著的一致性。同时，研究表明，室内判断与野外的评判没有显著差异，为方便起见，本书选择不同专业的在校学生进行问卷调查(共发放 300 张，全部有效收回)，将 30 张图片进行随堂的幻灯片播放，并对其进行偏好度打分(最低 1 分，最高 5 分)以及基于 SD 法的五点量表感知测评。

　　本书从景观要素特征与组成、整体环境特征构建了景观评价因子，对图片进行了定量的赋值。根据面状景观的景观要素属性与组成，选取了植被多样性、植被群落林冠线、植被秩序性以及植被覆盖面积作为特征指标。水体要素选取了水面可见度、湿地典型性作为特征指标，人工要素选取了人工要素种类数量、所占面积作为特征指标，对整体环境特征选取了远景丰富度、景观要素丰富度、天空面积比例以及色彩丰富作为主要特征指标。线状景观主要以游览小径为主，铺装对于小径来说是重要的组成部分，因此线状景观增加了铺装属性指标，包括铺装面积比例、铺装复杂性、铺装和谐度(表 9-2)。

表 9-2　景观要素指标一览表

| 类型 | 景观要素 | 特征指标 | 指标解释 |
|---|---|---|---|
| 面状景观 | 植物要素 | 植物多样性 | 植被种类数量 |
| | | 植物组合性 | 植被配置状况 |
| | | 植被覆盖比例 | 植被占画面的比例 |
| | 水体要素 | 水面面积比例 | 水体占画面的比例 |
| | 人工要素 | 铺装面积比例 | 铺装占画面的比例 |
| | | 铺装复杂性 | 铺装纹理、色彩和铺设形式 |
| | | 铺装和谐度 | 铺装与整体环境的协调程度 |
| | | 人工要素种类 | 画面中人工要素的种类数量 |
| | | 人工要素面积比例 | 人工要素所占画面的比例 |
| | 整体环境 | 整体色彩丰富度 | 人眼可感知的色彩数量 |
| | | 天空面积比例 | 天空占画面的比例 |
| 线状景观 | 植被要素 | 植被多样性 | 植被种类数量 |
| | | 植被覆盖面积 | 植被占画面的比例 |
| | | 植物群落林冠线 | 植被群落林冠线的连续、起伏变化程度 |
| | | 植被秩序性 | 整体植被的状态 |
| | 水体要素 | 水面可见面积 | 水体占画面的比例 |
| | | 湿地典型性 | 湿地特征的明显程度 |
| | 人工要素 | 人工要素种类 | 画面中人工要素的种类数量 |
| | | 人工要素面积比例 | 人工要素所占画面的比例 |
| | 整体环境 | 远景丰富度 | 远景要素种类数量 |
| | | 景观要素丰富度 | 整体画面中景观要素的种类数目 |
| | | 整体色彩丰富度 | 人眼可感知的色彩数量 |
| | | 天空面积比例 | 天空占画面的比例 |

1）各要素的面积特征提取

对图片进行矢量化处理，将其色彩进行简化，通过 Image Color Summarizer 得到植物、人工要素、水体以及天空色彩像素比例，即四个要素所占的面积比例。

2）景观色彩特征提取

在众多颜色模型中，色相、饱和度、明度颜色空间（HSV）更接近于人眼的颜色感知。为了便于量化，通常 H、S 和 V 的三个分量需要相应和适当地分割及分类以减少颜色的数量。在颜色量化中，量化分类和数量的选择是至关重要的，颜色量化会改变颜色的灵敏度，如果量化颜色的数量太小，则会造成色彩信息的丢失。本章将 HSV 空间分为 256 种颜色 [152]，并进行后续处理。256 个量化中的一些颜色难以由人眼辨别，因此，本书将相似的颜色归一化为黑色、白色和灰色，然后通过 144 种颜色，最终获得 147 种颜色。然后使用 MATLAB 2015a 平台，计算不同图像的色彩种数。当彩色像素的比例太小时，颜色相对难以用肉眼识别。为了简化数据，在本分析中，忽略比例小于 1% 的颜色。

3）其他特征指标赋值

植被群落林冠线、秩序性、湿地典型性、铺装复杂性、铺装和谐度，由专家打分获得，各指标评分标准见表 9-3。

表 9-3　特征指标评价标准

| 指标 | 描述 | 评分标准 |
|---|---|---|
| 植物组合性 | 结构完整性<br>层次分明性<br>组合度<br>物种比例合理性<br>整体美感度 | 10 分=具有乔灌草三层完整结构、层次分明、结合度良好、物种比例合理、整体美感；1 分=物种比例配置非常不完整、地被植物少、群落层次单一 |
| 铺装复杂程度 | 纹理复杂程度<br>色彩丰富度<br>铺设方式丰富度<br>样式组成丰富度<br>铺装间隔度 | 10 分=纹理复杂、颜色多样、铺装间隔小、形式（铺装方式、要素组成等）多样；1 分=纹理极简、颜色单一、形式单一无变化 |
| 铺装和谐度 | 铺装质感和谐度（与周围环境）<br>纹理和谐度<br>色彩和谐度<br>形式（铺设手法、版式）和谐度 | 10 分=铺装质感、纹理、色彩、形式（铺设方式、要素组成等）与周围环境完美融合；1 分=铺装质感、纹理、色彩、形式（铺设方式、要素组成等）与周围环境极不协调 |
| 植被林冠线 | 起伏变化程度<br>连续性 | 10 分=林冠线起伏有致，富有变化，连续；1 分=林冠线单一，无变化，不连续 |
| 植被秩序性 | 层次性<br>组合度<br>整体杂乱程度 | 10 分=乔灌草层次分明，结合良好，植物疏密有致；1 分=乔灌草无明显分层，杂乱无章 |
| 湿地典型性 | 湿地特征<br>湿地植被<br>湿地景观 | 10 分=湿地特征明显，且占主导；1 分=无湿地植物，陆地景观性完全占主导 |

#### 9.4.1.2 结果与分析

1. 线状景观视觉偏好分析

1）线状景观描述性统计分析

利用 SPSS 20.0 对线状景观感知进行分析，得到线状景观样本的 SD 评价及偏好值（表 9-4）。从各样本偏好得分平均值来看，得分最高的图片为 11 号、12 号、14 号，得分分别为 5.26、5.00、4.90，得分最低的图片为 2 号、4 号、6 号，得分分别为 3.35、3.50、3.55。单从图片来看，公众偏好丰富、开敞的景观（图 9-6）。

表 9-4　线状景观 SD 及偏好评分均值

| 图片编号 | 自然性 | 湿地性 | 秩序性 | 空间感 | 吸引力 | 偏好评分 |
|---|---|---|---|---|---|---|
| 1 | -1.12 | 0.28 | -0.16 | 1.06 | 0.33 | 3.62 |
| 2 | -1.18 | -0.04 | -0.29 | 0.55 | 0.09 | 3.35 |
| 3 | -0.50 | -0.23 | -0.02 | 0.96 | 0.38 | 3.61 |
| 4 | 0.44 | 0.01 | -0.13 | 0.16 | 0.09 | 3.50 |
| 5 | 0.39 | -0.70 | 0.06 | 0.68 | 0.37 | 3.80 |
| 6 | 0.51 | -0.55 | 0.30 | 0.12 | 0.20 | 3.55 |
| 7 | -0.49 | -0.05 | -0.06 | 0.02 | 0.50 | 3.90 |
| 8 | 0.77 | -0.52 | 0.38 | -0.15 | 0.37 | 3.84 |
| 9 | 0.22 | -0.54 | 0.55 | 0.46 | 0.82 | 4.24 |
| 10 | 0.30 | -0.15 | 0.01 | 1.00 | 0.24 | 3.77 |
| 11 | -0.48 | 0.78 | 0.16 | 1.10 | 0.94 | 5.26 |
| 12 | 0.09 | 1.00 | 0.18 | 1.16 | 0.90 | 5.00 |
| 13 | 0.95 | 1.23 | 0.78 | 0.71 | 0.78 | 4.45 |
| 14 | 0.51 | 0.77 | 0.44 | 0.83 | 0.76 | 4.90 |
| 15 | 0.43 | 1.15 | 0.71 | 0.68 | 0.70 | 4.65 |

线状景观11

线状景观12

线状景观14

线状景观2

线状景观4

线状景观6

图 9-6　线状景观图片

2）线状景观偏好度与 SD 感知关联性分析

将线状景观的偏好度与 SD 评价值做相关性分析（表 9-5）。分析结果表明，偏好评分与 5 个感知变量均呈显著的正相关关系，相关系数分别为 0.105、0.267、0.226、0.272、0.506。相关系数越大表明关联程度越高，因此偏好性与 5 项 SD 的关联性排序为吸引力＞空间感＞湿地性＞秩序性＞自然性。

线状景观的吸引力与自然性、湿地性、复杂性、空间感均呈线性正相关关系，相关系数分别为 0.181、0.359、0.351、0.406。说明空间感对线状景观的吸引力影响较大，其次，湿地性对吸引力也有一定影响。因此，空间越开敞、湿地特征越突出的线状景观越受欢迎。

表 9-5　线状景观感知偏好 Pearson 相关性分析

| 项目 | 自然性 | 湿地性 | 复杂性 | 空间感 | 吸引力 | 偏好评分 |
|---|---|---|---|---|---|---|
| 自然性 | — | 0.160** | 0.292** | -0.001 | 0.181** | 0.105** |
| 湿地性 | 0.160** | — | 0.265** | 0.302** | 0.359** | 0.267** |
| 复杂性 | 0.292** | 0.265** | — | 0.114** | 0.351** | 0.226** |
| 空间感 | -0.001 | 0.302** | 0.114** | — | 0.406** | 0.272** |
| 吸引力 | 0.181** | 0.359** | 0.351** | 0.406** | — | 0.506** |
| 偏好评分 | 0.105** | 0.267** | 0.226** | 0.272** | 0.506** | — |

注：**表示在 0.01 的显著性水平（双侧）上显著相关，*表示在 0.05 水平的显著性（双侧）上显著相关。

3）线状景观偏好度与线状要素的关联性分析

将偏好评分与线状要素做相关性分析，结果见表 9-6。偏好度与除铺装要素的其他所有特征要素均有相关性，但关联程度不高。关联程度最高的是水体面积比例、整体色彩丰富度、植被覆盖度与远景可视度，相关系数分别为 0.203、0.183、0.114、0.105；在关联程度较高的特征要素中，植被覆盖度与偏好度呈负相关关系，其余要素为正相关关系。

表 9-6　偏好评分与线状要素的相关性

| 项目 | 植物覆盖度 | 植物多样性 | 组合性 | 水面可见度 | 水体面积比例 | 天空面积比例 | 铺装和谐度 | 远景可视度 | 整体色彩丰富度 | 人工要素面积比例 |
|---|---|---|---|---|---|---|---|---|---|---|
| Pearson 相关性 | -0.114** | -0.058* | -0.090** | 0.076** | 0.203** | 0.078** | -0.051 | 0.105** | 0.183** | 0.092** |

注：**表示在 0.01 的显著性水平（双侧）上显著相关，*表示在 0.05 的显著性水平（双侧）上显著相关。

4）线状景观感知与景观要素的关联性分析

线状景观的偏好度和吸引力与景观的湿地性和空间性具有相关性。通过将湿地性感知和空间性感知与特征要素做关联性分析，统计结果显示偏好度与铺装要素关系不大，因此这里未将铺装要素纳入分析。

统计结果（表 9-7）显示，湿地性与植被覆盖度、植被组合性、水体面积比例、天空面积比例、远景可视度、整体色彩丰富度以及人工要素面积比例均有相关性。其中湿地性与植被覆盖度、水体面积比例、整体色彩丰富度的相关性最大，相关性排序为水体面积比例＞植被覆盖度＞整体色彩丰富度。而湿地性与植被覆盖度呈负相关关系，可能是由于景观中植被覆盖量越大,水体面积的可见度越小。因此,环境湿地特征的感知主要由水体面积决定,说明人们对于湿地性的感知主要来自水体。

空间感与植物覆盖度、植被组合性、水体面积比例、天空面积比例、远景可视度有相关性,且与天空面积比例的相关性最大,其次为植被覆盖度与远景可视度,且与植被覆盖度呈负相关关系。与湿地性感知相似,这可能是由于当在一定范围内,植被覆盖面积增加,天空面积比例相应减少而造成的。说明环境的空间感主要由天空面积比例决定,天空面积比例越大,环境的开敞感越强。

表 9-7　线状景观感知与要素特征的关系

| 项目 | 植物覆盖度 | 植被组合性 | 水体面积比例 | 天空面积比例 | 远景可视度 | 整体色彩丰富度 | 人工要素面积比例 |
|---|---|---|---|---|---|---|---|
| 空间感 | -0.259** | -0.139** | 0.138** | 0.294** | 0.231** | -0.052 | -0.012 |
| 湿地性 | -0.270** | -0.128** | 0.315** | 0.144** | 0.119** | 0.230** | 0.140** |

注:**表示在 0.01 的显著性水平(双侧)上显著相关,*表示在 0.05 的显著性水平(双侧)上显著相关。

### 2. 面状景观视觉偏好分析

#### 1)面状景观描述性统计分析

利用 SPSS 20.0 对面状景观感知进行分析,得到面状景观样本的 SD 评价及偏好值(表 9-8)。从各样本偏好得分平均值来看,面状景观偏好的得分最高的为 2 号、13 号、15 号图片,偏好度分别为 4.78、4.71、4.84;偏好得分最低的为 9 号、4 号、6 号图片,偏好度评分分别为 3.21、3.56、3.76。

将图片(图 9-7)对比发现,偏好度较高的图片普遍空间开敞,水体面积大或景观要素丰富。而偏好度低的图片则较封闭,且植被杂乱。

表 9-8　面状景观 SD 及偏好评分均值

| 图片编号 | 自然性 | 湿地性 | 复杂性 | 空间感 | 吸引力 | 偏好评分 |
|---|---|---|---|---|---|---|
| 1 | 1.29 | 1.21 | 0.77 | 0.59 | 0.46 | 4.12 |
| 2 | 0.76 | 1.33 | 0.44 | 1.51 | 0.82 | 4.78 |
| 3 | 1.41 | 1.01 | 0.30 | 0.91 | 0.38 | 3.78 |
| 4 | -0.45 | 0.51 | -0.04 | 0.46 | 0.36 | 3.56 |
| 5 | 0.96 | 1.24 | -0.01 | 1.50 | 0.51 | 4.34 |
| 6 | -0.45 | 0.77 | 0.40 | -0.21 | 0.56 | 3.76 |
| 7 | 0.62 | 1.35 | 0.49 | 0.59 | 0.55 | 3.98 |
| 8 | 0.68 | 0.73 | 0.07 | 1.21 | 0.40 | 3.84 |
| 9 | 1.04 | 1.30 | 0.39 | 0.35 | -0.07 | 3.21 |
| 10 | 0.94 | 1.39 | 0.38 | 1.17 | 0.66 | 4.26 |
| 11 | 0.45 | 1.26 | 0.70 | 0.83 | 0.71 | 4.52 |
| 12 | 0.74 | 1.22 | 0.50 | 0.77 | 0.51 | 3.96 |
| 13 | 0.91 | 1.48 | 0.11 | 1.38 | 0.79 | 4.71 |
| 14 | 0.06 | 0.83 | 0.43 | 1.10 | 0.66 | 4.17 |
| 15 | 0.36 | 1.22 | 0.18 | 1.16 | 0.78 | 4.84 |

面状景观2　　　　　　　面状景观13　　　　　　　面状景观15

面状景观9　　　　　　　面状景观4　　　　　　　面状景观6

图 9-7　面状景观样本评价图

2) 面状景观偏好度与 SD 感知关联性分析

面状景观偏好度与环境感知特征的相关性分析结果 (表 9-9) 显示，偏好度评分与 5 个变量均呈正相关关系，即自然性、湿地性、复杂性、空间感、吸引力与公众的偏好均有关联。关联度的排序为吸引力＞空间感＞复杂性＞湿地性＞自然性。说明吸引力受空间感的影响最大，且呈正相关关系，因此，开敞的空间对游客更具吸引力。

表 9-9　面状景观感知偏好 Pearson 相关性分析

| 项目 | 自然性 | 湿地性 | 复杂性 | 空间感 | 吸引力 |
|---|---|---|---|---|---|
| 自然性 | — | 0.353** | 0.304** | 0.184** | 0.164** |
| 湿地性 | 0.353** | — | 0.301** | 0.290** | 0.321** |
| 复杂性 | 0.304** | 0.301** | — | 0.144** | 0.406** |
| 空间感 | 0.184** | 0.290** | 0.144** | — | 0.414** |
| 吸引力 | 0.164** | 0.321** | 0.406** | 0.414** | — |
| 偏好评分 | 0.132** | 0.190** | 0.255** | 0.302** | 0.520** |

注：**表示在 0.01 的显著性水平 (双侧) 上显著相关。

同时，吸引力与环境的自然性、湿地性、复杂性、空间感均有关联，且与空间感和复杂性关联较大，并呈正相关关系，说明在面状景观中，开敞的、丰富的、湿地特征突出的环境对公众来说具有较大的吸引力。

3) 面状景观偏好度与面状要素的关联性分析

偏好度与面状景观要素的相关性分析 (表 9-10) 显示，偏好评分与植被覆盖面积、植被秩序性、水面可见面积、天空面积比例、景观要素丰富度均有相关性，且与植被覆盖面积、水面可见面积、天空面积比例相关性较高。偏好度与植被覆盖面积呈负相关关系，与水面及天空面积比例呈正相关关系。说明公众偏好水体、天空面积较大而植被覆盖量较少的景观。

表 9-10　偏好评分与面状要素的相关性

| 项目 | 植被覆盖面积(比例) | 植被秩序性 | 水面可见面积 | 天空面积比例 | 景观要素丰富度 |
|---|---|---|---|---|---|
| Pearson 相关性 | −0.142** | 0.075** | 0.114** | 0.113** | 0.060* |

注: **表示在 0.01 的显著性水平(双侧)上显著相关, *表示在 0.05 的显著性水平(双侧)上显著相关。

4)面状景观感知与景观要素的关联性分析

面状景观的偏好度和吸引力与景观的空间感、复杂性、湿地性、自然性感知均有相关性, 且与空间感和丰富性相关性较大。

通过空间感和丰富性与景观要素特征的相关性分析发现: 空间感与植被覆盖面积比例、天空面积比例、远景丰富度、景观要素丰富度关联性较大, 且与植被覆盖面积比例呈负相关关系。因此, 天空面积比例越大, 给人越开敞的感觉(表 9-11)。

表 9-11　面状景观感知与要素特征的相关性

| 项目 | 植被多样性 | 植被覆盖面积比例 | 植物群落林冠线 | 植被秩序性 | 水面可见面积 | 天空面积比例 | 远景丰富度 | 景观要素丰富度 | 湿地典型性 |
|---|---|---|---|---|---|---|---|---|---|
| 丰富度 | — | — | −0.066* | — | — | −0.085** | 0.064* | — | — |
| 空间感 | 0.059* | −0.234** | — | −0.068* | 0.095** | 0.304** | 0.160** | 0.113** | −0.090** |

注: **表示在 0.01 的显著性水平(双侧)上显著相关, *表示在 0.05 的显著性水平(双侧)上显著相关。

环境丰富度感知与植被群落林冠线、天空要素以及远景要素有关联。其中与植物群落林冠线和天空面积比例均呈负相关关系, 与远景种类数量呈正相关关系。这可能是由于林冠线越连续, 空间渗透性越差, 远景可见度越差, 因而容易造成景观单调的感觉。而天空面积比例越大, 相应的其他景观要素所占比例越小, 因而造成景观丰富感下降。

### 9.4.1.3　结论

(1)公众对湿地性的感知主要受到水体面积的影响, 说明水体是公众对湿地特征感知的主要元素。公众对于空间开敞性的感知主要受到天空面积比例的影响, 说明天空是影响公众对于空间感知的首要因素。

(2)线状景观中, 公众偏好湿地特征明显、空间较为开敞的景观。偏好度与色彩丰富度也有一定的相关性, 色彩越丰富, 越受公众的欢迎。

(3)面状景观中, 公众偏好丰富、开敞的景观。公众对丰富度的感知主要来自对远景和景观要素的感知。植被的秩序性也在一定程度上影响了面状景观的偏好度, 植被秩序性越高, 偏好度越高。

因此, 在线状景观的设计和营造中, 应避免完全封闭的空间, 保持一定的空间渗透性。同时, 注重植物的配置, 选用具有不同色彩特征的树种。

在面状景观的设计和营造中, 应保持一定的空间开阔性。在植被的配置上应注意层次。适当的管理和维护, 保持一定的秩序也是必要的。巧妙应用场地或周围的景观元素丰富面状景观的层次。

### 9.4.2　视觉角度下湿地景观对游客生理的影响

从 20 世纪 70 年代起，学界就已开始关注自然风景对人的影响，从实践和理论两个层面分析了自然风景能够缓解压力、促进病人康复的原因。

自然景观对人的生理影响的研究已有大量实践，主要的生理指标多采用心率、RR 间隔、血压、脑电波以及皮肤导电率等。本书在前人的基础上，采用血压、心率以及脑电波值、配合心理状态特征，引入生理指标对景观要素及其组成特征对人的心理及生理反应进行探讨。

#### 9.4.2.1　研究方法与过程

本书采用图片视觉刺激法，利用电脑播放幻灯片的方式引起被试者的生理和心理反应。使用血压仪、指尖脉搏仪、单极脑电采集设备分析人的生理反应，采用简明心境量表了解受试者的心理状态。生理指标包括血压、心率和脑电波值。脑电波值采用 Neurosky 公司通过脑电波变化度量人的大脑状况的参数 eSense 指数。该指数是通过对收集带的原始脑电波信号进行放大，过滤掉环境噪声和肌肉组织运动产生的干扰，而得到的信号应用 eSense$^{TM}$ 算法进行计算，最终得到量化后的参数值。eSense 参数通过 1～100 的具体数值来表示受试者的大脑状态，当 eSense 值小于 40 时，表示大脑处于紧张、烦躁的状态，当 eSense 值大于 60 时，代表大脑的放松状态较平常高，大于 80 时，代表大脑极度放松。因此，可以认为 eSense 值越大，大脑的状态越放松。被试者的心理指标利用简明心境量表 (production and operations management society，POMS) 进行评价。简明心境量表采用由 Morfeld 等[153]修订的版本。该量表主要由 23 个问题组成，用于测试被试者的心境状态。简明心境量表可以分为个 4 维度，分别是愤怒、无知觉、活力和疲劳。每个维度的分数越高代表其相应的情绪程度越高。

线状景观和面状景观图片根据图片特征以及 SD 评价结果进行分组，两类景观图片分别被分为了五组(各类景观根据视觉感知特征分组，各类特征见表 9-12)，给受试者观看。工作人员在测试开始前向受试者介绍测试的过程以及测试仪器的使用和功能，以消除受试者的紧张情绪。30 名受试者首先被要求填写心理问卷(POMS)量表，并进行血压和心率的测试；佩戴脑电仪，在坐定后休息片刻，放映测试图片，记录受试者观看测试不同图片的脑波值；每组图片放映结束后，再次测试血压和心率；并在每类景观类型图片放映结束后再次要求受试者填写 POMS 心理量表。测试过程中每张图片播放 1min，并在景观照片播放前用空白图片作为脑波数据的对照。重复上述步骤直到受试者观看完所有景观图片。

表 9-12　分组特征

| 特征 | Ⅰ组 | Ⅱ组 | Ⅲ组 | Ⅳ组 | Ⅴ组 |
| --- | --- | --- | --- | --- | --- |
| 线状景观特征 | 人工性 | 自然性 | 封闭性 | 空间开敞性 | 湿地性 |
| 面状景观特征 | 自然性 | 开敞性 | 吸引力低 | 景观丰富 | 人工性 |

### 9.4.2.2　结果与分析

#### 1. 线状景观对生理和心理的影响

1）心理状态比较

从受试前后的均值来看，各个心理维度的均值在受试后都有所下降。通过配对 T 检验，结果表明，愤怒值显著下降，而紧张值、慌乱值、精力值、疲劳值、抑郁值虽有所下降，但不显著。表明线状景观对人的心理有平复作用（表 9-13）。

表 9-13　线状景观心理状态特征值比较

| 特征 | 受试前 | | 受试后 | | Sig.（双侧） |
|---|---|---|---|---|---|
| | 均值 | 标准差 | 均值 | 标准差 | |
| 紧张的 | 2.13 | 1.80 | 1.58 | 1.36 | 0.057 |
| 愤怒的 | 1.13 | 1.50 | 0.71 | 1.37 | 0.007* |
| 疲倦的 | 2.97 | 2.66 | 2.55 | 2.38 | 0.251 |
| 抑郁的 | 1.65 | 1.94 | 1.19 | 1.85 | 0.065 |
| 精力的 | 9.65 | 4.25 | 8.77 | 4.75 | 0.121 |
| 慌乱的 | 3.00 | 2.05 | 2.65 | 1.98 | 0.215 |

注：*表示在 0.05 的显著性水平（双侧）上显著相关，后同。

2）血压心率空白对照

配对 T 检验结果显示，受试者受线状景观刺激后，收缩压与舒张压明显下降，且收缩压较舒张压的下降幅度大。心率虽也有所下降，但不显著（表 9-14）。

表 9-14　线状景观空白对照配对 T 检验

| 参数 | 图片 | 均值 | 标准差 | 均值的标准误 | Sig.（双侧） |
|---|---|---|---|---|---|
| 收缩压 | 空白对照 | 112.08 | 12.78 | 2.30 | 0.00* |
| | 线状景观 | 105.55 | 11.78 | 2.12 | |
| 舒张压 | 空白对照 | 65.95 | 7.40 | 1.33 | 0.00* |
| | 线状景观 | 61.67 | 6.62 | 1.19 | |
| 心率 | 空白对照 | 79.45 | 13.19 | 2.37 | 0.22 |
| | 线状景观 | 78.21 | 11.38 | 2.04 | |

3）不同景观特征对血压和心率的影响

方差分析的结果显示：Ⅱ组，Ⅲ组，Ⅳ组景观对受试者舒张压产生了显著影响。Ⅱ组、Ⅲ组、Ⅳ组舒张压都显著下降，且受试者受开敞景观的刺激后，舒张压下降幅度更大，其次为自然景观，封闭景观对受试者的刺激较开敞景观和自然景观小（表 9-15 和表 9-16）。

表 9-15　线状景观血压与心率均值

| 分组 | 高压平均值 | 低压平均值 | 心率平均值 |
| --- | --- | --- | --- |
| 空白组 | 112.08 | 65.95 | 79.45 |
| 组 I | 106.60 | 63.79 | 79.53 |
| 组 II | 105.55 | 61.67 | 78.21 |
| 组III | 109.59 | 61.96 | 79.16 |
| 组IV | 105.74 | 60.90 | 78.71 |
| 组 V | 106.84 | 62.68 | 77.86 |

表 9-16　舒张压方差分析

| 分组 | 均值差 | 标准误 | 显著性 |
| --- | --- | --- | --- |
| 自然景观 II 组 | 4.28* | 1.68 | 0.012 |
| 开敞景观IV组 | 5.04* | 1.68 | 0.003 |

4）不同景观特征的脑波比较

受试者在看完线性景观图片后，脑波值均较空白对照值上升。且经方差分析，当受试者观看开敞性景观（即IV组）后，脑波显著上升。说明两种景观均对大脑有放松作用，这与前面血压变化相符。由于开敞仅是IV组景观中特征之一，推测脑波变化受到植被覆盖与天空面积比例的影响较大。

如表 9-17 所示，线状景观脑波最高的是 8 号、9 号、11 号图片，脑波值分别为 53.45、53.07、51.79，脑波值最低的图片为 1 号、2 号、14 号，脑波值分别为 48.36、48.36、48.85。

脑波的方差分析（表 9-17）显示，空白对照与 3 号、8 号、9 号、11 号图片的脑波差异性显著，说明 3 号、8 号、9 号、11 号图片对脑波产生了显著刺激。此四张图片也是脑波平均值最高的图片，因此，将其与脑波平均值最低的四张图片的特征要素指标作图进行比较。

表 9-17　线状景观脑波方差分析

| 图片编号 | 均值 | 均值差 | 标准误 | 显著性 |
| --- | --- | --- | --- | --- |
| 0 | 44.53 | — | — | — |
| 1 | 47.73 | -3.20 | 3.26 | 0.330 |
| 2 | 48.36 | -3.83 | 3.26 | 0.240 |
| 3 | 51.15 | -6.62 | 3.26 | 0.040* |
| 4 | 49.04 | -4.51 | 3.26 | 0.170 |
| 5 | 50.12 | -5.59 | 3.26 | 0.090 |
| 6 | 48.94 | -4.41 | 3.26 | 0.180 |
| 7 | 49.56 | -5.03 | 3.26 | 0.120 |
| 8 | 53.45 | -8.93 | 3.26 | 0.006* |
| 9 | 53.07 | -8.54 | 3.26 | 0.009* |

| 图片编号 | 均值 | 均值差 | 标准误 | 显著性 |
|---|---|---|---|---|
| 10 | 49.42 | -4.89 | 3.26 | 0.130 |
| 11 | 51.79 | -7.26 | 3.26 | 0.026* |
| 12 | 51.12 | -6.59 | 3.26 | 0.044* |
| 13 | 49.06 | -4.53 | 3.26 | 0.170 |
| 14 | 48.85 | -4.32 | 3.26 | 0.190 |
| 15 | 50.21 | -5.68 | 3.26 | 0.080 |

　　将脑波值得分最高的 4 张图片(即 3 号、8 号、9 号、11 号图片)编为 A 组，脑波值得分最低的四张图片(即 1 号、2 号、14 号、6 号图片)编为 B 组。将 A 组和 B 组各图片的要素特征绘制图形(图9-8)，并进行比较。A 组图片中植被覆盖面积普遍较 B 组高。初步推测植被覆盖面积大，脑波值相对大。11 号图片植被明显较同组的少，但相比同组图片的水体面积大，说明大脑对水体也有一定的偏好。而 6 号图片同样有较高的植被量，且高于 3 号图片，但脑波值却小。经比较 6 号图片的水体面积是最小的，也验证了大脑对水体有所偏好这一观点。同时，3 号图片的天空面积比例也高于 6 号图片，因此，可以推断，当植被量较少时，较大的天空面积比例和水面比例对大脑有放松作用。

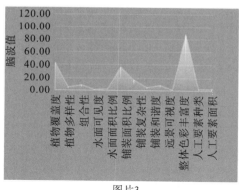

图片3

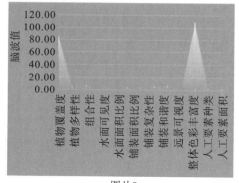

图片8

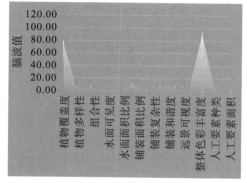

图片9

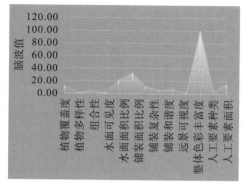

图片11

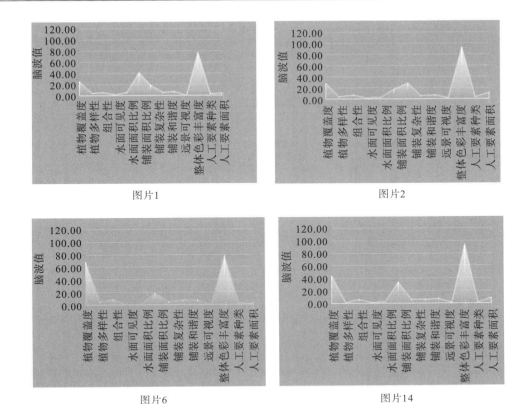

图 9-8　线状图片各要素特征

### 2. 面状景观对生理心理的影响

#### 1) 心理状态比较

从受试前后的均值来看，各个心理维度均值在受试后都有所下降。通过配对 T 检验，结果(表 9-18)表明，受试者在观看面状景观后，紧张值显著下降，疲劳值、抑郁值以及慌乱值都显著下降，且慌乱值下降幅度最大。说明面状景观对人的心理有舒缓作用，面状景观极大缓解了受试者的慌乱情绪。

表 9-18　面状景观心理状态特征值比较

| 心理特征 | 试前 | | 试后 | | Sig.(双侧) |
|---|---|---|---|---|---|
| | 均值 | 标准差 | 均值 | 标准差 | |
| 紧张 | 2.77 | 2.76 | 1.57 | 1.57 | 0.01* |
| 愤怒 | 0.87 | 1.22 | 0.63 | 1.03 | 0.15 |
| 疲劳 | 3.00 | 2.17 | 2.00 | 1.62 | 0.02* |
| 抑郁 | 1.20 | 1.71 | 0.70 | 1.12 | 0.06* |
| 精力 | 9.60 | 4.12 | 9.30 | 4.89 | 0.48 |
| 慌乱 | 3.50 | 2.80 | 2.47 | 2.19 | 0.01* |

2）血压心率空白对照

配对 T 检验显示，受试者受面状景观刺激后，收缩压明显降低，心率上升，舒张压下降，但不显著（表 9-19）。

表 9-19　面状景观空白对照配对 T 检验

| 生理特征 | 图片 | 均值 | 标准差 | Sig.（双侧） |
|---|---|---|---|---|
| 收缩压 | 空白对照 | 109.17 | 13.00 | 0.03* |
| | 面状景观 | 106.24 | 11.89 | |
| 舒张压 | 空白对照 | 63.99 | 7.29 | 0.09 |
| | 面状景观 | 62.14 | 6.83 | |
| 心率 | 空白对照 | 78.74 | 10.56 | 0.51 |
| | 面状景观 | 79.39 | 10.58 | |

3）不同景观特征对血压心率的影响

面状景观在进行实验时被分为了五组，其特点分别是 I 组（1 号、9 号、10 号）自然性突出，II 组（2 号、3 号、15 号）空间开敞，III 组（4 号、5 号、8 号）吸引力低，IV 组（12 号、6 号、13 号）景观丰富程度高，V 组（7 号、11 号、14 号）自然性低、人工性较高。各组血压心率平均值见表 9-20。方差分析的结果（表 9-21）表明，观看 I 组、II 组、IV 组景观后，受试者舒张压产生了显著变化。I 组、II 组、IV 组舒张压都显著下降。说明景观要素丰富、植被量大、水体面积大的景观有放松、减压的作用。

表 9-20　面状景观血压心率平均值

| 分组 | 高压平均值 | 低压平均值 | 心率平均值 |
|---|---|---|---|
| 空白组 | 109.17 | 63.99 | 78.74 |
| 组 I | 106.24 | 62.14 | 79.39 |
| 组 II | 103.66 | 59.53 | 76.99 |
| 组 III | 103.52 | 60.66 | 76.32 |
| 组 IV | 102.96 | 58.95 | 77.40 |
| 组 V | 103.13 | 59.70 | 76.60 |

表 9-21　舒张压方差分析

| 分组 | 均值差 | 标准误 | 显著性 |
|---|---|---|---|
| 面状景观 I 组 | 4.46* | 1.74 | 0.01 |
| 面状景观 II 组 | 5.04* | 1.74 | 0.00 |
| 面状景观 IV 组 | 4.29* | 1.74 | 0.01 |

4）不同景观特征的脑波比较

受试者在观看面状景观后脑波值显著上升（表 9-22），说明面状景观对脑波值产生了显著影响。脑波组间的方差分析显示，I 组脑波与 V 组脑波差异显著性为 0.03，脑波值显著下降，I 组到 V 组景观的自然性下降，说明大脑偏好自然性高的面状景观。

表 9-22　脑波配对 T 检验

| 图片 | 均值 | 标准差 | Sig.（双侧） |
|---|---|---|---|
| 空白对照 | 53.49 | 12.21 | |
| 面状景观 | 55.09 | 12.07 | 0.042* |

受试者在面状图片刺激下的脑波平均值见表 9-23。将图片的脑波值做方差分析，发现空白图片的脑波值与 2 号和 15 号图片差异性显著，说明 2 号和 15 号图片明显引起了脑波的变化。将 2 号和 15 号图片的要素特征作图发现：色彩丰富度、天空面积比例上有重合，说明这两种特征相似性高，因此不是主要影响脑波值的要素。两者在植被覆盖和水面比例上差别较大，说明这两个要素是影响脑波差异的主要因素（图 9-9）。

表 9-23　面状景观描述性脑波值

| 图片编号 | 脑波均值 |
|---|---|
| 0 | 53.49 |
| 1 | 58.06 |
| 2 | 59.72 |
| 3 | 54.49 |
| 4 | 50.31 |
| 5 | 51.35 |
| 6 | 53.24 |
| 7 | 50.36 |
| 8 | 51.07 |
| 9 | 51.61 |
| 10 | 52.80 |
| 11 | 50.43 |
| 12 | 51.36 |
| 13 | 49.85 |
| 14 | 50.23 |
| 15 | 47.05 |

方差分析显示 2 号图片的脑波值与 1 号、3 号图片差异性不显著，15 号图片脑波值与 4 号、5 号、7 号、8 号、9 号、10 号、11 号、12 号、13 号、14 号图片差异不显著，推测 4 号、5 号、7 号、8 号、9 号、10 号、11 号、12 号、13 号、14 号图片脑波值均属于较低范畴，导致脑波值差异不显著。因此，选择其中脑波最低的三张图片作图分析。

从较高脑波值的图片与较低脑波值图片的作图（图 9-10）对比中，即 1 号、2 号、3 号图片（将其命名为 A 组）与 13 号、14 号、15 号图片（将其命名为 B 组）对比，可以看出两类图片的色彩丰富度、天空面积比例差别不大，差别较大的是植物覆盖面积与水面面积。A 组植物覆盖面积明显大于 B 组，但 A 组图片的水面面积普遍小于 B 组。因此，植被覆盖量与水面面积对脑波值的影响较大，初步推断植被覆盖面积较大的脑波值偏大，而水体面积较大的脑波值偏小。

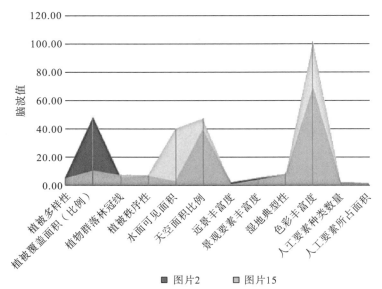

■ 图片2          □ 图片15

图 9-9    面状图片 2 与图片 15 的各景观要素特征比较

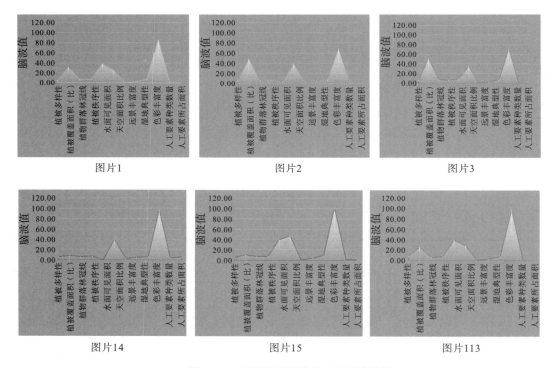

图 9-10    面状景观图片各景观要素特征

在 1 号、2 号、3 号图片中，色彩丰富度的差异性不大，而 2 号、3 号图片的植被覆盖量明显比 1 号图片多，但 1 号图片的水体面积较 2 号、3 号图片大。因此，可以推测当有一定的植被覆盖量时，水体面积较大的，脑波值也偏大。

值得注意的是，1 号与 13 号图片的作图中脑波值大体相当，但 13 号图片的人工要素种类较 1 号多，可以推测人工要素种类也是图片中引起脑波差异的要素之一，且大脑偏向人工要素少的景观，不同组间的脑波值变化也说明了这一点。

### 9.4.2.3　结论

在湿地景观的刺激下，人体各项生理指标的变化表现一致。血压、心率以及脑波的变化说明线状景观与面状景观对人体有放松作用，并能显著平复人的情绪。

线状景观中，空间的开敞性和自然性刺激舒张压显著下降，说明开敞景观有助于人体放松。而较大的植被覆盖度脑波值高，说明植被对大脑有放松作用。其次水体与天空对大脑的放松也有一定的贡献。

面状景观对人的负面情绪有缓解作用。自然性高、开敞、画面丰富的景观能显著降低血压，说明自然、开敞、丰富的景观对人体有放松作用，而大脑对植被覆盖量大、水体面积大、人工要素少的景观有明显的偏好，说明植被、水体均对大脑有放松作用，自然的景观则对人的身心和大脑都有平复和舒缓的作用。

因此，可以看出植被和水体是刺激人体生理指标的主要因素，而空间的开敞性、景观的自然性都有助于人体的放松。因此，在两类景观的设计中应注意保持空间的渗透性、植被和水体的相互协调。

## 9.4.3　不同类型景观控制

### 1. 点状景观规划控制

点状景观除单体建筑或构筑物外，通过对各景观要素的组合形成的人造景观也是点状景观的主要内容。

人工营造应以生态性与可持续性为指导进行规划和设计。根据环境的条件和特征，选择植物以及营造方式。避免不适宜本地环境条件的营造形式而造成资源和能源的耗费。

注重地域性的表达。地域性是场地独一无二的符号，因此应该利用地域性，突出湿地公园的特色，将地域的符号巧妙地应用在景观中。包括对传统材料、传统建筑手法的采用，对当地树种的使用，对当地特定配色的应用等。

营造审美意境。可借助非生物要素营造意境，如"烟雨蒙蒙""蒹葭苍苍"等都是巧妙地运用了天气、光线等自然天气现象与自然植被的结合。同理，如月光、日出与景观要素要相互结合。声音要素的利用也是意境营造的常用手段，如"蝉鸣""蛙声"等，都是诗词意境中常出现的场景。

### 2. 线状景观风貌控制

线状景观除自身的景观意义外，还带有"步随景移"的特点，而在公众视觉偏好和生理指标对线状景观的反应中，都表明一定的空间开敞性更能使人愉悦。因此，基于对游憩体验的考虑，线状景观应保持一定的空间渗透性。邻水的线状景观应尽可能地展示湿地特征，让水域进入视线。在植被的配置上使用不同色彩的植物种类。另外，虽然铺装在视觉和生理上对人的影响不大，但铺装是线状景观的重要组成，因此，线状景观的设计中也应注意铺装与环境的融合性、生态性以及实用性。

　　3. 面状景观风貌控制

　　面状景观多通过观景台的设置而获得，基于以上的研究，观景平台应设置在视线开阔、空间开敞的地方。且应选择呈现出景观元素较为丰富，具有一定层次性和秩序性的区域。

　　在面状景观的营造上，应保持一定的空间开敞性。植物配置应具有一定的秩序性。做到变化中有统一，对比中有协调，均衡中有稳定，变化中有规律。

# 9.5　整体景观风貌控制

　　由于国家湿地公园内部地形地貌的原因，湿地占主导，视角开阔，视域广。有些湿地公园邻近城市或乡村，大量的建筑和构筑物可能进入湿地公园的视域范围内，特别是城市型和近郊型湿地公园。因此，应结合湿地公园内部眺望点、景观节点的视域特点，划定景观风貌控制区。

　　人们对风景的认知和感受与观赏点到风景的距离有很大关系。根据研究，人对风景的观赏可分为三个层次：当观赏距离处于 0～267m 时，在该区间内，观赏者能感知风景的细节，如建筑单体的色彩、肌理，树木的形态与枝干等；当观赏距离处于 267～1069m 时，观赏者对风景细节的感知降低，更多的是对景观整体格局和图案的感知，如地形和植被的轮廓；当观赏距离大于 1069m 时，大气中的灰色调会弱化人工构筑物与自然环境的关系，此层次的风景对视觉质量影响较小。

　　根据该原理对点状景观、线状景观以及面状景观划定景观风貌的控制区域。在主要景观观赏点半径 300m 区域内，建筑、构筑物外观应尽量与当地文化、地域特色保持一致，与湿地公园整体风格保持协调；整体上应与湿地公园自然环境或当地文化环境相协调，对影响视觉质量的建筑或构筑物进行整治，或利用植物遮挡视线。在 300～1200m 区域内，建筑群布局建议高低错落，尊重当地传统肌理。在观景点，根据视线特点，利用植物引导视线、控制视域，避免视觉质量差的景观进入视区。

　　另外，为统一湿地公园内部整体景观风貌，并保持与周围自然与文化环境的协调性，在综合分析周围环境特点，充分挖掘当地文化特征的基础上，可根据不同区域自然与文化环境特征提出湿地公园的景观风貌控制要求。

　　以新津白鹤滩国家湿地公园为例，在对周围环境特点以及内部景观特征进行综合分析的基础上，划定了三个风貌控制段：北部生态景观段、中部人文生态景观段以及南部社会生态景观段，并提出了对湿地公园景观规划的相应要求（表 9-24）。

表 9-24　新津白鹤滩国家湿地公园景观风貌控制一览表

| 区段 | 要求 |
| --- | --- |
| 自然生态景观段 | 保留自然景观特征，以生态建设为主，不做大型建筑建设，可适当添加景观构筑物，增加景观丰富感 |
| 人文生态景观段 | 以展示新津文化为主，保持与古堰的视觉通廊。保持景点以及道路 1200m 以内的建筑错落有致，对景观质量差的建筑群进行遮挡，或利用林冠线的变化弥补不足 |

| 区段 | 要求 |
| --- | --- |
| 社会生态景观段 | 在保留原始自然景观、农耕文化景观的基础上，进行生态修复以及景观质量的提升。根据自然环境的基本特征，适当地设置观光、游憩设施 |
| 入口、景点、一二级道路 300m 范围内 | 构筑物、建筑物风格与新津国家湿地公园总体风格保持一致 |

# 9.6　小　　结

本章对国家湿地公园中的主要景观依据不同标准进行了分类，并对主要景观要素进行了梳理，明确了国家湿地公园景观规划控制的内容，即从各要素的自身属性与其组织关系入手，协调人工要素与周围环境的关系；协调各要素组成与湿地环境的关系以及其与人的视觉感受，并为后续研究奠定了基础。

以低环境影响以及人的良好感受为原则，对建筑建造的高度、材料选择、整体用地比例提出了相应的要求。铺装材料的尺寸、间距、材料选择应根据景观需求，综合对生态性、安全性的考虑，灵活采用，并应避免对人的使用造成负面影响。

通过对线状景观和面状景观的整体视觉环境特征、各景观要素的组成特征对人体心理和生理影响的探讨，总结了线状景观和面状景观的规划控制策略：线状景观应保持一定的空间渗透性。邻水的线状景观应尽可能地展示湿地特征，让水域进入视线。在植被的配置上应丰富不同色彩的植物种类。面状景观的观景平台应设置在视线开阔、空间开敞的地方。应选择能够呈现丰富的景观元素，并具有一定层次和秩序的区域。在面状景观的营造上，应保持一定的空间开敞性。植物配置应具有一定的秩序性。做到变化中有统一，对比中有协调，均衡中有稳定，变化中有规律。对于点状景观的人造景观，应以生态性与可持续性为指导进行规划和设计。

注重地域性的表达，结合非生物要素(如自然天气现象、光线、声音等)营造审美意境。

对于整体景观风貌的控制应根据人的视觉特征，划定景观风貌控制区：在主要景观观赏点半径 300m 区域内，保持建筑、构筑物外观与当地文化、地域特色以及湿地公园整体风格的一致性；对影响视觉质量的建筑或构筑物进行整治，或利用植物遮挡视线；在 300～1200m 区域内，建筑群布局建议高低错落，尊重当地传统肌理。在观景点，根据视线特点，利用植物引导视线、控制视域，避免视觉质量差的景观进入视区。

为统一湿地公园内部整体景观风貌，并保持与周围自然与文化环境的协调性，建议在综合分析周围环境特点、充分挖掘当地文化特征的基础上，对不同区域自然与文化环境特征提出湿地公园的景观风貌控制要求。以新津国家湿地公园为例进行了景观风貌控制的相关展示。

# 第10章 设施建设控制

国家湿地公园设施是其整体运行的基础保障，国家湿地公园设施控制是规划设计中的重要内容。设计中要按照国家湿地公园的多目标建设要求，不仅要美观、实用，而且还要统筹好对环境的低影响和成本效益的最大化。国家湿地公园的设施建设实际上是人工系统与自然生态系统的融合，是人为使用公园的载体，是人与湿地生态系统接触的介质，通过设施的建设实现对湿地资源的利用，也通过设施对人与湿地生态系统的关系进行引导和管理。设施也是人与自然的协调剂，需要考虑人的使用，也要考虑与自然生态环境的融合。本章基于设施的功能要求和生态可持续要求，对不同设施类型提出了相关控制建议。

## 10.1 设施建设的内容

设施建设为湿地公园的建设内容和运行提供支持，湿地的三大建设内容即保护与恢复、科普宣教以及合理利用。国家标准《公园设计规范》（GB 51192—2016）将公园设施项目分为游憩设施、服务设施以及管理设施。因此，根据湿地公园的规划建设内容，将湿地公园的设施分为六类：科普宣教设施、监测设施、游憩设施、服务设施、管理设施以及工程类设施。

科普宣教设施为科普宣传教育的开展提供支持，主要包括解说标志牌等展示性设施、科普宣教中心等。监测设施主要包括科研监测站。游憩设施为游客的游览活动提供基础，包括亭、廊、观景台、观鸟屋等。服务设施主要包括游客服务中心、厕所、垃圾箱、茶室、医疗救助站、引导标识等。管理设施为湿地公园的良好运行提供保障，主要包括管理建筑、应急避险设施等。工程类设施主要包括电信电力、给排水工程等。

尺寸、材质与布局是设施建设的主要内容。这些要素对游人使用、视觉环境以及生态环境产生影响。例如，大型设施的建设会对场地的生态环境造成影响，工程设施的走线布网可能造成视觉污染，服务类设施（如厕所）的数量和布局影响到游人的使用感受。

因此，设施建设应从设施的材质、造型以及布局着手，以实用性与生态性为原则对其提出要求。

## 10.2 设施建设控制原则

国家湿地公园设施建设以保证其功能性、安全性、生态可持续性为控制原则。

（1）功能性。设施建设是对国家湿地公园整体运行的辅助，为各项活动的正常开展提供保障，因此，设施建设应首先满足其功能要求，保证其所承担的功能性作用正常发挥。

根据项目活动的需要、符合保护区划进行服务管理设置的整体布局。充分考虑游人的使用，为游客提供美的享受的同时也让游客觉得舒适便利。根据游客的实际需要进行设计和配置，包括位置、数量和规模。综合考虑不同人群的使用需求和使用特点，从心理行为和人体工学的角度进行设施的规划和建设，为游客提供舒适便利的服务。

（2）安全性。湿地公园必须以确保游人安全为前提，做好游客防护设施，对存在安全隐患的地区和场所，应有所警示。并对紧急事件有所预案，园内应预留紧急避险的场所，并配备相关的医疗、救护设施。

（3）生态可持续。设施建设应从其体量外观上保持与环境的协调性和一致性。在选址和布局上减小对环境的影响。因地制宜地进行设施造型的设计，充分利用场地条件，创造低能耗的设施形式。采用生态节能的材料，如使用本地建材或新型节能材料，并考虑其维护的难易程度。

## 10.3　设施建设控制

### 10.3.1　非工程类设施建设控制

不同规模的非工程类设施在功能使用上有不同的特征，因此应进行归类，针对不同类别进行控制。非工程类设施按照其自身规模可分为大型设施、中型设施以及小型设施。大型设施指体积大于 50m$^3$，内部空间大，可容纳游人的设施，如科普宣教中心、游客接待中心等。中型设施指体积在 3～50m$^3$，占地面积一般，内部空间可供人进入的设施，如厕所、亭、廊、观鸟屋等。小型设施指小于 3m$^3$，体积小，不具有内部空间的设施，如标志牌、垃圾桶等。

1. 外观控制

设施建设的外观控制可从设施的造型、材料入手。总的来说，设施建设的外观应与湿地公园的整体风格相协调，与当地文化环境保持一致。造型与材料的设计和选择应做到生态可持续，尽量保持设施从规划设计、施工建设到后期的运营维护，甚至到设施的拆除的节能无害。

2. 布局控制

湿地公园中的活动开展依赖于公园设施，设施越少，环境的人工痕迹越少，自然性越高。因此，服务设施能在一定程度上限制游人的活动。例如，在美国国家公园的荒野区中，提供极少的人工设施，保证荒野的原生性，也以此满足游人的荒野体验，而在这些荒野中，游人在此类区域中活动也被要求具有相应野外生存技能或其他能力。

设施建设应根据湿地公园的功能布局与区划要求进行总体布局。整体布局与数量要求应与区划相一致，开发区的基础设施可相对完善，允许大型设施进入。缓冲区基础设施应随着保护区的靠近，相应地减少。保护区应禁止游憩设施的进入。

1）大型设施

大型设施在建设上对环境的影响较大，常是人群集结的场所，如游客中心、科普宣教中心等提供服务的设施。因此，游客的使用对环境也会造成极大的压力。大型设施在选址和布局上应考虑地理环境条件、资源的利用、交通和人流量情况。

大型设施占地面积大，是能耗聚集点，为减小大型设施对环境的影响和资源的消耗，从其选址到运行的每一环节都要以环保、节能、增加可持续性为原则，指导大型设施的设计。可从可持续的场地选址，包括适应场地的小气候，充分利用设施的朝向和造型减少能源的消耗；构建场地的雨水循环系统，保护和节约水资源；从材料和资源的循环利用入手，节约成本，减少能耗。

2）中型设施

中型设施主要根据其功能要求和人的行为心理进行综合布局。例如，亭、廊等游憩类中型设施，不仅具有提供游人休息的作用，还有赏景、点景的作用，因此，布局应顺应地势，选址应具有景观艺术。而服务类设施（如厕所）应充分考虑使用者的行为特征，以方便游人使用为主，并结合其服务范围进行布局。对于观鸟屋等设施，应考虑到活动对鸟类的干扰，设置在安全距离以外。科研监测站应根据监测、研究对象以及技术要求选址，结合湿地公园的总体布局统筹安排，选址应保证在恶劣天气条件下能正常观测。

3）小型设施

小型设施在湿地公园中数量较多，体积最小，却在为游人提供服务和湿地公园环境保护和维护上起着关键作用。小型设施在选址和布局时应考虑到游人的分布情况、游人的行为心理以及人体工程的需要。湿地公园中主要的小型设施有休息座椅、垃圾桶、标志牌等。

休息座椅的选址应有利于游人的休息和观景。宜设置在露台边、道路旁、水岸边、草地、树下等位置，应避免阴湿、陡坡地、强风吹袭等易对人体造成不适感的场所。其分布和数量应根据人流量进行设置。

垃圾箱的设置应与游人分布密度相适应，并应设计在人流集中场地的边缘、主要人行道路边缘及公用休息座椅附近。

解说性指示牌应在湿地公园重要景点、典型植物分布区、水鸟栖息地等重要节点处设立。警示牌至少要在危险路段前 80～100m 处设置（表 10-1）。

表 10-1　湿地公园非工程类主要设施一览表

| 设施 | 选址要求 | 布局要求 | 规模及容量要求 |
| --- | --- | --- | --- |
| 科普宣教中心 游客服务中心 | 根据地形条件设置在湿地公园外围开发带，交通便利、场地充裕的地方 | — | 高度不超过 2 层 |
| 观鸟屋 | 距离鸟类聚集点 50m 以外 | — | 单体建筑一般不得大于 100m² |
| 科研监测站 | 保证在恶劣天气条件下能正常观测 | 根据监测、研究对象以及技术要求，结合湿地公园的总体布局统筹安排 | 视具体监测站内容定，如生态定位监测站一般在 100～150m²，水文、水质监测站不大于 30m² |

续表

| 设施 | 选址要求 | 布局要求 | 规模及容量要求 |
|---|---|---|---|
| 公厕 | 隐蔽、方便使用。中心广场、主要交通主路两侧、大型停车场附近及其他公共场所应设置公厕 | 服务半径一般控制在 750~1000m，依据城市湿地公园的规模及人流量做出具体的调整与变化 | 公厕间隔设置距离、公厕内的蹲位数与游人分布密度相适应 |
| 医疗救护设施 | 可设置一个综合的应急处理中心，也可设多个急救站，或与游客服务中心、科普宣教馆等结合设置 | — | 一般建筑面积不得大于 300m² |
| 休息座椅 | 设置在露台边、道路旁、水岸边、草地、树下等位置，应避免阴湿、陡坡地、强风吹袭等易对人体造成不适感的场所 | 分布和数量应根据人流量进行设置 | 根据具体情况与要求确定，一般按游人容量的 20%~30% 设置 |
| 垃圾桶 | 人流集中场地的边缘、主要人行道路边缘及公用休息座椅附近 | 陆地面积小于 100hm² 时，垃圾箱设置间隔距离宜在 50~100m；公园陆地面积大于 100hm² 时，垃圾箱设置间隔距离宜在 100~200m | 与游人分布密度相适应 |
| 标识牌 | 出入口、重要景点、典型植物分布区、水鸟栖息地等重要节点处设立，危险路段等特别需要注意的地段 | 用于标明可能存在危险的警示标志牌，至少要在危险路段前 80~100m 处设置 | 根据具体情况确定 |

## 10.3.2　基础工程类设施建设控制

基础工程类设施建设应在符合相关规定的前提下，以经济节约、满足使用需求以及避免对生态环境和视觉环境造成影响为原则，根据国家湿地公园的总体布局统筹安排。

### 1. 给排水控制规划

### 1) 给水控制规划

给水工程的主要控制内容包括用水量、水源选择以及给水管网布置。综合园内使用需求进行用水量的估算。供水源是给水工程的关键，供水源应以就近、便捷、经济为原则。湿地公园内可结合基础设施以及绿化景观构建雨水收集系统，鼓励中水使用，增加水资源的循环利用率，提升湿地公园的生态可持续性。供水管网布置应根据实际需要，考虑成本效益和实用性，尽量减少对公园资源和价值的影响（表 10-2）。

表 10-2　给水规划控制

| 控制类别 | 控制及引导参考 |
|---|---|
| 用水量 | 住宿游客：150~500L/（人·日）<br>一日游游客：30~50L/（人·日）<br>园内员工和居民：150~200L/（人·日）<br>消防用水：5000m² 房屋供水流量 5L/S<br>绿化灌溉：0.5~1L/（亩·日） |
| 水源选择 | 选择供水距离短，并有充足水量，水质良好，给水方便可靠，经济适用的水源 |
| 水管网布置 | 选址和布局考虑成本效益、实用性，避免对公园资源和价值产生负面影响 |

以新津国家湿地公园为例，其以乡镇管网作为给水源，并在靠近用水地建立水处理净化站，进行相关处理，达到生活饮用水标准后供应。湿地公园内游客服务中心用水直接通过管道连接。

2）排水控制规划

排水规划主要涉及污水收集、贮存、处置和排放等环节。应对污水管网布置、污水处置方法、污水排放标准以及污水排放点做出要求，具体控制内容见表10-3。

表 10-3　基础工程规划控制内容

| 控制要素 | 控制内容 |
| --- | --- |
| 给水规划 | 选取用水标准、预测总用水量 |
| | 分析选择供水源 |
| | 确定给水设施的位置及规模 |
| | 布局给水管网 |
| 排水规划 | 明确排水体制 |
| | 预测雨水、污水排放量 |
| | 确定雨水、污水泵站、污水处理厂等相关设施位置、规模 |
| | 确定雨水、污水系统布局、管线走向、管径负荷、确定管线平面位置、出水口位置 |
| | 拟定雨水利用措施、对污水处理工艺提出方案 |
| 供电规划 | 选取用电标准，预测总用电负荷 |
| | 确定电源引入方向、供电设施的位置和容量 |
| | 明确线路铺设方式 |
| 电信规划 | 选择电信预测标准、预测通信总需求量 |
| | 确定电信设施位置及容量 |
| | 确定线路位置、敷设方式 |

排水系统应实行雨污分流，可结合雨洪管理的相关措施进行雨水的就近下渗、存蓄，缓解排水管道的压力。污水处置方法和污水排放点的选择考虑公共健康以及对环境的负面影响因素，将保护水质和生态环境放在第一位，污水不能直接排入湿地水体中。

例如，在新津白鹤滩国家湿地公园的排水规划中，雨水采用自然排放的方式，直接就近汇入公园水系。污水除小部分采用生物方法处理达标后分散处理就地排放外，其余均需采取截污纳管处理，尤其是一些建筑和游人较集中区域内的污水。经管道收集后直接排入市政污水管网。旅游服务中心有独立的排水规划，规划室内采用雨污分流、污废分流。室外采用污废合流，排入化粪池。而后经污水提升泵提升后排入市政污水管网。雨水经管道汇流就近排入水体。

3）污水处理站

设置在综合管理服务区，日处理能力为100m³，生化处理达到一级排放标准后就近排除，排水口的位置要选在不影响湿地公园景观的地方。

4)污水水质及排放标准

处理后排水要求达到国家污水综合排放标准(GB 8978—1996)一级标准中的二级生化污水处理排放标准。

5)污水处理流程

对污水的生物性污染、理化污染及有毒有害污染物质进行全面处理,处理流程如图 10-1 所示。

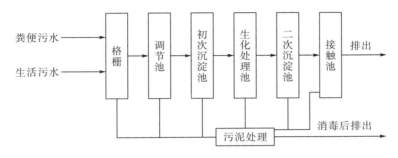

图 10-1  污水处理流程图

2. 电力电信控制规划

电力电信的规划应以满足使用需求、线路布置安全适用,不影响生态和视觉环境为原则。对用电负荷进行预测,确定供电电源的容量、数量、位置及用地。用电应满足使用需求,就近接入。线路布置为避免对视觉景观造成破坏,一般采用埋线铺设的方式。

湿地公园内应设立相应的通信网络,在满足对外沟通需要的同时,保证园内信息发布、科研监测系统的运行。

例如,新津白鹤滩国家湿地公园内供电均接入新津县的城市管网,湿地公园用电从金华镇供电设 110kV 的电源接到各主要用电点,经变压配电房降压供用电点使用。为避免影响湿地景观,供电线路采用套管地埋敷设为主。用电供电线路采用 220/380V 的三相四线制方式供电,配电线以套管直埋暗线为主。电信规划保留湿地公园内原有线路,管理所、各保护管理点的电话从市话网就近接入。

## 10.4  小  结

设施对于湿地公园的合理利用和社会效益的发挥起着关键作用,为湿地公园的保护与恢复、科普教育以及生态旅游活动提供支持。其功能的最大限度发挥和生态可持续是对设施建设规划的要求。设施的尺寸、材质与布局是功能发挥的关键,也是影响生态可持续的三大因素。因此,本章针对不同类型设置的规划提出了控制性建议。

设施建设的外观应与湿地公园的整体风格相协调,与当地文化环境保持一致。造型与材料的设计和选择应做到生态可持续,尽量保持设施从规划设计、施工建设到后期的运营维护,甚至到设施的拆除的节能无害。

    非工程类设施建设应根据湿地公园的功能布局与区划要求进行总体布局。大型设施在选址和布局上应考虑地理环境条件、资源利用、交通和人流量的情况。应从其选址到运行的每一环节以环保、节能、增加可持续性为原则，指导大型设施设计和建设。对于人流汇聚或使用密度强度大的单体建筑，在选址上应顺应自然空间形态及走势，减小对环境的影响。中型设施要根据其功能要求和人的行为心理进行综合布局。小型设施在其选址和布局时应考虑到游人的分布情况、游人的行为心理以及人体工程的需要。在此基础上针对国家湿地公园主要出现的设施提出了规划建议。

    工程类设施建设应保证使用需求，在符合相关安全、卫生规定的前提下，以经济节约、便于维修为要求进行规划。相关工程设置、管网线路应避免对景观、自然资源的干扰和破坏。最后以新津白鹤滩国家湿地公园的基础工程设施规划为例进行了探讨。

# 第 11 章 国家湿地公园控制性规划实践

本章以四川新津白鹤滩国家湿地公园控规的实践为例,从实践层面对国家湿地公园控规进行研究,并在此基础上结合前述理论研究,总结归纳出国家湿地公园的控制性规划导则。

## 11.1 新津白鹤滩国家湿地公园控制性规划研究

### 11.1.1 新津白鹤滩国家湿地公园概况

#### 11.1.1.1 区位概况

四川省新津白鹤滩国家湿地公园(下文简称"白鹤滩湿地公园")位于成都市新津县境内,地处岷江上游、新津县城郊,距成都市区仅 38km,位于成都市"半小时"经济圈内。

白鹤滩湿地公园是岷江干流中段的重要节点,衔接着新津县的新城与旧城,被都江堰鱼嘴分为内外二江的岷江外江,外江的四条支流沙沟河、黑石河、金马河、杨柳河经过 70 多千米奔流交汇于白鹤滩湿地内,回归入岷江干流。湿地公园呈狭长形廊道,为南北走向,包括岷江干流董河坝至金马河与西河交汇处以及西河、杨柳河、羊马河部分河段。总体规划面积为 867.32hm²。

#### 11.1.1.2 自然与人文概况

1. 自然条件

白鹤滩湿地公园所在区域地势平坦,主要为河流、漫滩和阶地构成的平原地貌。由 76.6%的平坝、14.1%的丘陵和 9.3%的水面构成,海拔为 442～673m,高差为 231m。

气候属亚热带湿润性季风气候区,温暖湿润,雨量充沛,四季分明,由于所处地理位置和大气环流影响等因素,其本身气候特征表现为冬无严寒,夏无酷暑,春暖多变,秋多绵雨。年平均气温为 16.4℃,最热月为 7 月,平均气温为 25.6℃;最冷月为 1 月,平均气温为 5.7℃。极端最低气温为-4.7℃,极端最高气温为 36.6℃。无霜期平均为 297 天,年平均降雨量为 987mm。

2. 人文概况

新津县历史文化资源丰富。新津从沟通成都平原与眉嘉平原的渡口,逐渐成为新的集市后,发展为新津县,历经千年,形成了独具特色的水文化。湿地公园周边名胜古迹甚多,目前,有国家 4A 级景区 1 处,2A 级景区 1 处,国家级文物保护单位 2 处,省级 3 处,市级 1 处,县级 8 处,观音寺、纯阳观、老君山、宝墩古城遗址都是著名的旅游景点。

### 11.1.1.3　公园定位

结合新津"山水卫星城,幸福新津渡"的要求,白鹤滩湿地公园以"岷江上游生态屏障,岷江流域独特的河流—沙洲复合体湿地公园,城市河流型国家湿地公园建设的典范"为定位,通过对湿地公园的保护、修复及合理利用开发,旨在建成"岷江上游的生态屏障""天府新区的四川湿地科普宣教首选地""城郊型国家级湿地公园建设的国家示范点"及"'湿地保护—生态旅游'协同发展的示范点",并发挥其促进新津城市生态建设,提升城市魅力的功能和作用。

湿地公园以原生态开放空间为主体,白鹤滩独特的河流—沙洲复合型湿地将成为天然的生态展示,是人们亲近自然、学习自然的最佳场所,同时也为相关的科研教育提供了场所和机会。

## 11.1.2　现状调研与分析

### 11.1.2.1　总体调查与分析

1. 水文分析

湿地公园属岷江水系,区内地表水系主要为岷江、金马河、西河及左岸支流杨柳河。岷江流向南东,其干流自都江堰市青城大桥至新津大桥段称金马河,末端有支流西河从右岸汇入。新津大桥至红岩子段长 8.6km,俗称大南河,左岸有杨柳河、右岸有小南河汇入大南河。岷江干流成都河段(金马河、大南河)为岷江干流的行洪河道,左岸是灌溉渠系密布的水网区。岷江干流在都江堰市出山口后,地势开阔,坡度降低,流速骤减,沙石沿河淤积,使河床抬高,经洪水冲刷,河床沙洲遍布,分流众多。滩沱相间,河道弯曲,主流左右摆动,流向不定,断面横流加剧,成为典型的宽、浅、弯的平原游荡性河流。金马河、西河、大南河交汇于新津县武阳镇,为岷江水系的泄水咽喉。

杨柳河是岷江成都河段左岸的一级支流,在双流县金家渡入新津境,经花源、花桥、普兴、金华四镇,沿牧马山麓到毛家渡入岷江。杨柳河目前属灌溉河道,但仍担 320km$^2$ 的区间排洪任务,遇暴雨流量超过 400m$^3$/s 时,黄泥渡、污泥坝、岳家坝等大片低洼地区会出现洪涝灾害(图 11-1)。

2. 驳岸分析

场地内部大约有2/3的驳岸硬质化。新津白鹤滩湿地公园内的驳岸主要分为卵石护堤、卵石镶嵌混凝土护堤 A、卵石镶嵌混凝土护堤 B、混凝土护堤四种类型(图 11-2)。卵石驳岸虽然非硬质化,但缺乏植被覆盖,地表土壤裸露,容易造成水土流失的问题。卵石镶嵌混凝土护堤,有人工种植绿化带,可作部分缓冲,但硬质化的驳岸仍然对自然的水文过程造成一定的影响。混凝土护堤不但驳岸完全硬质化,而且坡度大,雨水径流直接将污染物、沉淀颗粒物带入河流中。同时,硬质的驳岸在雨洪期间无法蓄水,直接导致雨洪水流冲向下游,给下游的河道造成巨大的冲击力。

图 11-1　新津水系分布图

图 11-2　驳岸现状

## 3. 用地分析

### 1）周围用地

湿地公园是新城与旧城的连接点，又处于城郊，周边环境状况既具有城市性又具有乡村性，周围用地主要为居住区、交通道路、农田、林地等（图 11-3）。根据新津县城市总体规划，场地周围用地有住宅用地、娱乐康体用地、商业用地、公用绿地等，无对湿地公园环境造成重大威胁的用地类型。但周边的城市建设用地大面积的不透水铺装，乡村聚落生活及农业用水，以及缺乏缓冲的周围用地仍然会对湿地公园生态环境造成干扰。

图 11-3　场地周边建筑

2）场地内部用地

场地内部的土地利用类型为湿地、林地、耕地、住宅用地，其中湿地包括洪泛性湿地、永久性湿地以及人工湿地。河漫滩、河心洲、季节性泛滥的草地，主要分布在岷江、金马河、杨柳河沿岸，面积达 295.89hm²，占湿地总面积的 45.7%。人工湿地包括稻田（冬水田）、水产养殖场、库塘。稻田主要分布于公园入口杨柳河旁，占湿地总面积的 0.1%。水产养殖场面积约为 5.71hm²，占湿地总面积的 0.9%。库塘位于湿地公园中部，面积为 4.66hm²，占湿地总面积的 0.7%。永久性河流湿地主要是岷江干流、金马河、西河和杨柳河。

场地内部受人的影响大，农田侵占洪泛湿地的现象严重。放牧引起河漫滩的植物退化，采石场的活动给场地的生态环境造成巨大的压力，农业种植的肥料、农药等农用化学品的使用造成农业面源污染，生活污水、垃圾的排放，禽畜养殖对湿地公园的水质造成了严重的污染（图 11-4）。

图 11-4　场地现状

4. 视觉节点分析

北部 A 区域为西河与金马河交汇处，人类活动少，生物多样性丰富、景观层次感丰富，天际线富有变化。周边是乡村及自然景观，且地势平坦，视野开阔（图 11-5）。

图 11-5　视觉节点分析

中部 B 区域除场地内的自然景观外，可见旧城景观，城市景观的天际线变化使该区域的景观具有层次感，但由于城市景观占主体，因此，人工性较重。C 区域可见场地内的自然景观、周围的乡村景观与远处的城市景观。但乡村区域由于所占面积不大，存在感低，城市景观占主体，西南方可见古堰。场地中西部 D 处是新津古堰的所在地，历史文化浓厚。此处视野开阔，天际线起伏多变。

场地东部区域的 E 区域以宝孜山为背景，中景为乡村景观，近景是场地内部自然湿地景观，但有快车铁路横穿场地，且有鱼塘、采砂场、农田分布，受周围居民生活影响大。

5. 植被类型与土地覆被分析

湿地公园所在河流及河岸滩涂处于近自然状态，除边缘受农业生产及基础建设影响较大外，大量水生植被和草丛处于自然演替状态，生态系统结构和功能趋于稳定，植物多样性相对比较丰富，湿地植被较典型。

1）水生植被

湿地公园内的河流和小水洼中均有水生植被分布，可细分为挺水植物群落、漂浮植物群落和沉睡植物群落，未见到浮水植物群落（植株根或地下茎长于泥土中，叶漂于水面）。

公园内挺水植物包括稗、粉绿狐尾藻、空心莲子草、蘸草群落。有少量茭白、菖蒲零星分布。稗草群落在岷江、杨柳河两岸浅水区及河心浅滩成片生长，形成高约 1m 的稗草丛，盖度在 80% 以上，群落边缘水面伴生有浮萍、紫萍和满江红，在水岸边出现菌草、蘸草、水蓼、水芹等湿生植物，并开始向湿草地过渡。粉绿狐尾藻群落分布在部分河边浅水区。空心莲子草群落常自河岸延伸至水中，总体面积不大，呈匍状漂浮于水面。蘸草群落仅在杨柳河东岸有少量分布。

公园内漂浮植物主要分布于河流沿岸、水田及小水洼，主要群系有紫萍、浮萍群落和凤眼莲群落。沉水植物主要有菹草、狐尾藻和金鱼藻群落。菹草群落主要分布在岷江水中，顺水流方向生长。狐尾藻和金鱼藻群落主要分布于杨柳河中。

2）草丛植被

湿地公园内滩涂众多、岷江沿岸、河心均有大量出露滩涂，东北侧滩涂面积达数十公顷，局部区域已经沼化。滩涂上草丛茂盛，主要为湿生或短期耐水淹草本植物，优势群落主要有菌草、蛇床、狗牙根、水蓼、水芹群落。

菌草群落成片分布在公园东北侧的洪泛湿地上，盖度达 90% 以上，高 1～1.4m，常形成单优群落。蛇床群落主要分布在公园西北侧岷江沿岸的洪泛湿地，盖度约为 60%，高 0.5～1.5m，花开如白色小伞，具有一定的观赏价值。狗牙根群落主要分布在东北侧洪泛湿地中相对干燥之处，被菌草群落包围，呈数米见方的团块草地，铺地生长，盖度达 100%。水蓼群落分布于河岸、洪泛湿地的水浸地，呈小片团簇状，高约 0.5m。水芹群落分布与水蓼群落相似，喜欢水浸地，呈团簇状，高约 0.6m。

3）阔叶林植被

湿地公园东北侧村落外围的水沟旁，树林生长茂盛。乔木主要为阔叶树种，也有栽培的针叶树种水杉。沿水沟生长有枫杨，胸径达 20cm，高 15m，冠幅约 7m；水杉成排栽植，胸径为 10～15cm，树高与枫杨相差不多。河堤外侧是水土保持林带，主要为栽培的加杨，胸径约为 10cm，高约 10m，沿河堤分布，呈带状。部分地段有构树、灌木状枫杨、水麻等。

场地内的土地覆被类型主要有四类：林地、草地、草甸、卵石滩。草甸主要分布在公园的中部以及杨柳河入口处中度湿润区域，该区域地势平坦，有机质丰富，土壤肥沃。草地主要分布在公园上游和下游区域较为干燥的区域。卵石滩常位于沙洲驳岸，该区域有戏水钓鱼的人类活动，或是由于人类活动影响引起的植被覆盖退化。林地主要分布在杨柳河入口区域、河心洲以及村落旁，人类活动少的林地区域常常吸引鸟类定居。

6. 动物分布点识别

湿地公园内茂密的植被和充足的水源为野生动物的繁衍生息提供了良好的条件。新津白鹤滩湿地公园内常见野生脊椎动物共计 80 科 270 种，其中兽类 8 科 22 种，鸟类 47 科 158 种，两栖动物 4 科 8 种，爬行动物 7 科 12 种，鱼类 14 科 70 种。湿地公园内动物的主要组成是鸟类和鱼类。生物栖息地是湿地的主要生态功能之一，而鸟类是湿地中主要的动物，可以作为景观向人们展示，是人们切切实实了解湿地环境与动物间的关系的通道，因此应该充分地给予恢复和保护。

　　湿地公园内具有国家 II 级重点保护鸟类 10 种(表 11-1)。据调查，湿地公园内能观察到的鸟类有 30 多种，以鹭鸟最多。场地类观察到的鸟类多出现在浅滩、沙洲区域。研究发现，鹭科鸟类主要在农田、鱼塘、河流与浅滩觅食，而其栖息地的生境选择主要是植被因子在起作用，鹭鸟更倾向于乔木林、斑竹或毛竹林作为其栖息地。主要分布于河心洲的林地等区域。

表 11-1　新津白鹤滩国家湿地公园重点保护鸟类

| 种类 | 拉丁名 | 保护级别 |
| --- | --- | --- |
| 黑鸢 | *Milvus migrans* | II 级 |
| 苍鹰 | *Accipiter gentiles* | II 级 |
| 雀鹰 | *Accupiter nisus* | II 级 |
| 普通鵟 | *Buteo buteo* | II 级 |
| 燕隼 | *Falco subbuteo* | II 级 |
| 红隼 | *Falco tinnunculus* | II 级 |
| 领角鸮 | *Otus bakkamoena* | II 级 |
| 短耳鸮 | *Aisio flammeus* | II 级 |
| 斑头鸺鹠 | *Glaucidium cuculoides* | II 级 |
| 长耳鸮 | *Asio otus* | II 级 |

### 7. 主要风险识别

1) 自然风险

　　白鹤滩湿地公园内的河流水系属岷江水系。岷江发源于四川省西北阿坝藏族自治州松潘县西北岷山山脉中段的郎架岭和弓杠岭，向南流经 341km 的群山峡谷至成都平原"冲积扇"的顶端都江堰[154]。新津属于成都平原，而成都平原生态环境与岷江和都江堰息息相关。都江堰将岷江水分为了内江和外江，随着都江堰渠首工程调控力的提高，岷江洪水来时，加重了金马河的负担，造成金马河一线的水患。

　　成都平原地区的水系发达，河渠交织，岷江及沱江的主干出山口后，分别呈放射状地分为众多顺直支流，这些支流又逐渐汇合成主干，在新津和金堂形成"冲刷扇"，因此新津和金堂地区的水土流失相对严重。新津和金堂是整个平原的两个主要洪水出口，场地恰处岷江支流的汇合处，此处泄洪速度慢，严重时可能造成洪涝灾害。

2) 人为威胁

　　湿地水质与生物栖息地受到人为因素的威胁。湿地公园的水质受到杨柳河上游养殖企业排污，公园周边生活污水与固体废弃物的排放，以及周边农业生产污染的威胁。

　　周边的人类基建活动，采石场的采石活动，农业围垦，农畜放牧等较为频繁，自发的、未经规范的人类活动，对湿地公园周边区域的湿地生物的生存及栖息地造成威胁。

　　场地内金马河与西河交汇处以及杨柳河入口处的人类活动密度最大，除采砂场的采砂活动，重型机械的运作对场地土壤、生物栖息地造成严重的威胁外，农业围垦、农畜放牧活动破坏了湿地的生态系统结构，生活废物、农业耕作对湿地造成严重的污染，影响了湿地正常的生态功能。公园暴露在城市道路、桥梁的基建工程中，噪声污染严重。

### 11.1.2.2  核心区域调查与分析

核心区域是合理利用的重点区域,对其地形地貌以及环境状况全面了解后才能避免对湿地生态系统过度干扰和破坏,在场地特征的基础上对环境状况进行提升,在适当的人工作用力下促进受损自然系统的恢复。

#### 1. 地形地貌

公园核心区的地形高程关系表现为从城市到岷江逐渐降低,在靠近岷江处由两个大岛为主的岛链将沙洲内部围合成多个低洼区,杨柳河出江口形成大量的自然河口湿地(图11-6)。

| 序号 | 图例 | 最小高程/m | 最大高程/m |
|---|---|---|---|
| 1 | | 439.8 | 442.5 |
| 2 | | 442.5 | 443.0 |
| 3 | | 443.0 | 443.5 |
| 4 | | 443.5 | 444.0 |
| 5 | | 444.0 | 444.5 |
| 6 | | 444.5 | 445.0 |
| 7 | | 445.0 | 445.5 |
| 8 | | 445.5 | 446.0 |
| 9 | | 446.0 | 446.5 |
| 10 | | 446.5 | 447.0 |
| 11 | | 447.0 | 447.5 |
| 12 | | 447.5 | 448.0 |
| 13 | | 448.0 | 448.5 |
| 14 | | 448.5 | 449.0 |
| 15 | | 449.0 | 449.5 |
| 16 | | 449.5 | 450.0 |
| 17 | | 450.0 | 450.5 |
| 18 | | 450.5 | 451.0 |
| 19 | | 451.0 | 451.5 |
| 20 | | 451.5 | 458.1 |

图 11-6    核心区域地形分析(见本书彩图版)

#### 2. 水环境分析

核心区域内部有小型沟渠,周围分布污水处理厂和居民点(图11-7),受此影响,内部水环境呈现不同程度的富营养状态(表11-2)。

图 11-7    核心区域内部水文状况(见本书彩图版)

表 11-2　核心区域水环境一览表

| 样地编号 | 面积/hm² | 水源补给状况 | 流出状况 | 给水状况 | pH | 透明度 | 营养状况 | 主要污染因子 | 水生植被 | 水生动物 |
|---|---|---|---|---|---|---|---|---|---|---|
| 1 | 0.31 | 大气降水 | 季节性 | 季节性积水 | 6.5 | 不透明 | 富营养 | 家禽粪便 | 空心莲子草、草地 | 蛙类 |
| 2 | 0.25 | 大气降水 | 季节性 | 季节性积水 | 7.0 | 半透明 | 中营养 | — | 狐尾藻、莎草、禾草 | 蛙类、田螺 |
| 3 | 0.30 | 大气降水 | 季节性 | 季节性积水 | 6.5 | 半透明 | 中营养 | 家禽粪便 | 蓼、水葫芦 | 蚌类、蛙类 |
| 4 | 0.20 | 大气降水 | 季节性 | 季节性积水 | 6.5 | 半透明 | 中营养 | 家畜粪便 | 狐尾藻、蓼、禾草 | 田螺 |
| 5 | 0.05 | 大气降水 | 季节性 | 季节性积水 | 6.5 | 较清澈 | 贫营养 | — | 空心莲子草 | 田螺、蛙类 |
| 6 | 0.89 | 大气降水 | 季节性 | 季节性积水 | 6.0 | 半透明 | 贫营养 | 家畜粪便 | 狐尾藻、蓼 | 田螺、蛙类 |
| 7 | 0.11 | 大气降水 | 季节性 | 季节性积水 | 6.5 | 半透明 | 中营养 | 农药 | 狐尾藻、蓼、禾草 | 蛙类、田螺 |
| 8 | 0.29 | 大气降水 | 季节性 | 季节性积水 | 6.0 | 半透明 | 富营养 | 污水处理厂 | 水葫芦、狐尾藻 | 鲫鱼、蛙类、田螺 |
| 9 | 0.34 | 大气降水 | 季节性 | 永久性积水 | 6.0 | 半透明 | 中营养 | 污水处理厂 | 水葫芦、水花生、狐尾藻、伞草、千金子、水金凤 | 鱼类、田螺、蛙类 |
| 10 | 0.13 | 大气降水 | 季节性 | 季节性积水 | 6.0 | 半透明 | 富营养 | 污水处理厂 | 狐尾藻、水葫芦、禾草 | 田螺、蛙类 |
| 11 | 0.14 | 大气降水 | 季节性 | 季节性积水 | 6.0 | 半透明 | 富营养 | 污水处理厂 | 水葫芦、狐尾藻 | 田螺 |
| 12 | 0.47 | 大气降水 | 季节性 | 季节性积水 | 6.5 | 不透明 | 富营养 | 污水处理厂 | 狐尾藻、千金子、伞草、水金凤 | 鱼类、田螺、蛙类 |
| 13 | 0.04 | 大气降水 | 季节性 | 季节性积水 | 6.5 | 半透明 | 富营养 | 污水处理厂 | 禾草、香蒲、蓼、狐尾藻、紫菀、苍耳、葎草 | 鱼类、田螺、蛙类 |
| 14 | 0.16 | 大气降水 | 季节性 | 季节性积水 | 6.0 | 不透明 | 富营养 | 污水处理厂 | 空心莲子草 | 田螺、蛙类 |
| 15 | 0.22 | 大气降水 | 季节性 | 季节性积水 | 6.5 | 不透明 | 富营养 | 家禽粪便 | — | 蛙类 |
| 16 | 0.03 | 大气降水 | 季节性 | 季节性积水 | 6.5 | 不透明 | 富营养 | 农药 | 浮萍、禾草、空心莲子草 | — |
| 17 | 0.06 | 大气降水 | 季节性 | 季节性积水 | 6.5 | 不透明 | 中营养 | 农药 | 禾草、狐尾藻 | 蛙类、田螺 |
| 18 | 0.80 | 大气降水 | 季节性 | 季节性积水 | 6.0 | 中透明 | 中营养 | 家畜粪便 | 水葫芦、狐尾藻、禾草、芦竹 | 田螺、蛙类 |
| 19 | 0.06 | 大气降水 | 季节性 | 季节性积水 | 6.0 | 中透明 | 中营养 | 家畜粪便 | 狐尾藻、蓼、芦竹、禾草 | 田螺、蛙类 |
| H1 | — | 地表径流 | 永久性 | 永久性积水 | 6.0 | 不透明 | 贫营养 | — | 禾草、狐尾藻 | 鱼类、田螺、蛙类 |

### 3. 植物分布与覆被

核心区的土地覆被类型主要包括农田、建筑、河滩、灌木林地、疏林地和草地等(图 11-8)。该区域的主要乔木类型为杨树、枫杨、巨桉、构树、慈竹、大叶樟、水杉、麻竹、苦楝。灌木以秋华柳、水麻为主。疏林地中，草本优势种主要为紫菀、稗草、芦苇、禾草。靠近河流水域的草地中草本优势种主要有紫菀、禾草、葎草、苦苣、斑茅、芦苇。低洼水域周围草本优势种主要有问荆、斑茅、千金子、芦竹、葎草、苦苣、禾草。中部草本优势种主要为双穗雀稗、千金子、芦竹、芦竹、芦苇、禾草、飞蓬。临水疏林地中草本优势种有紫菀稗草、芦苇、禾草、狗牙根、斑茅、蒿、葎草。

图 11-8　核心区域土地覆被类型(见本书彩图版)

### 11.1.3　控制性规划研究

#### 11.1.3.1　总体目标

(1)沟通水系,形成湿地系统。

(2)山水相依,形成山、水、林、田、城共存的生态格局。

(3)将湿地隐于城市,让人与生物在湿地中共融。

(4)保护湿地类型的多样性和完整性,梳理水系,结合基底改造,形成丰富的生境。

(5)以智慧湿地为目标,让江河自然流动,让湿地水体得以净化,智能、科学地监测湿地。

(6)保护重建与利用相结合,自然景观为主,科普游憩为辅,休闲娱乐点缀。

#### 11.1.3.2　用地控制

1. 保护区

湿地保育区包括岷江干流和金马河、西河的干流,面积为 610.64hm$^2$,占湿地公园总面积的 70.4%。该区域湿地生态结构较为完整,且是湿地公园鸟类活动的主要地区。但有农田侵占洪泛湿地,放牧引起河漫滩的植物退化,采石场等对湿地生态环境破坏的现象。因此,将保护区分为严格保护区以及恢复区。

(1)严格保护区。该区域贯穿整个湿地公园范围,最北端位于临近新浦快速通道徐林盘附近，南端位于赵庙子处，西至西河北部，东至杨柳河，面积为 509.78 hm$^2$，占湿地公园总面积的 58.8%。以"保护河流水质和沙洲湿地生物多样性，开展巡护监测"为主，主要进行巡护和科研监测设施建设，并开展巡护、科研以及科研监测工作。该区域进行严格的保护，禁止开发建设，允许必要的科研监测活动。

(2)恢复区。恢复区主要是西河和南河的湿地，主要为流域内遗存的取沙池，面积为 100.86hm$^2$，占湿地总面积的 11.6%。该区域针对岷江河道两旁的河漫滩区域及杨柳河进入白鹤滩段遭破坏的湿地进行人工恢复。对陈家咀居民点西南及东南面水域进行生态护坡，保证坡岸的稳定，防止水土流失，维护系统生态平衡。

2. 缓冲区

缓冲区允许开展以小型设施为基础的，以观赏和体验为主的活动。项目建设和开发以及游人的活动强度应随开发区向保护区逐渐降低。允许设立湿地管理用房和监测站。面积约为 205.42 hm$^2$，占湿地公园总面积的 23.7%。

3. 开发区

开发区位于湿地公园的主入口区域，该区域受人类环境影响大，生态环境较为不敏感。区域主要建设的内容以科普宣教、游客服务接待、湿地管理为主。面积为 51.26hm$^2$，占湿地公园总面积的 5.9%(表 11-3)。

表 11-3　新津白鹤滩国家湿地公园用地控制

| 项目 | 严格保护区 | 恢复区 | 缓冲区 | 核心游览区 |
|---|---|---|---|---|
| 建设面积/hm$^2$ | 509.78 | 100.86 | 205.42 | 51.26 |
| 建设面积比例 | 58.8% | 11.6% | 23.7% | 5.9% |
| 开发强度要求 | 禁止开发 | 允许少量被动游憩开发 | 允许以湿地环境为基础的被动性游憩开发或少量主动性游憩开发 | 允许较为大型的游憩项目建设，但要尽量采用低能耗、低影响的开发和建设方式，增强场地的可持续性 |
| 准入性 | 禁止进入 | 强限制性进入 | 限制性进入 | 允许进入 |
| 活动强度 | | | | |
| 项目开发 | | 低 ←———————————— 高 | | |
| 景点数量 | | | | |
| 道路密度 | | | | |

在本案例中，国家湿地公园为河流型，呈长条状，湿地公园周围都应设置缓冲带(图 11-9)。但由于实际情况，并未有足够的土地可作为缓冲，因此还要通过其他策略来达到缓冲效果。具体策略主要包括：①规范周围社区人群的行为，禁止生活垃圾的随意堆放；②进行社区改造，结合绿色生态技术，加强对生活用水或农业用水的处理；③增加周边用地的透水面积，对驳岸进行自然化改造。

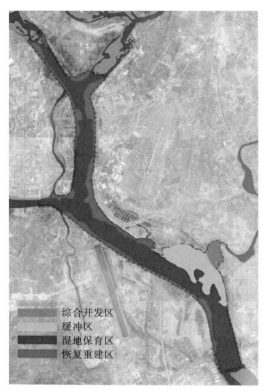

综合开发区
缓冲区
湿地保育区
恢复重建区

图 11-9  新津白鹤滩国家湿地公园用地布局(见本书彩图版)

### 11.1.3.3  生态恢复规划控制

1. 总体策略

(1)水域恢复。通过扩挖、沟通小型水域,局部深挖,区域滞水的方式,创造不同的水域条件,保证水量和流动性。

(2)湿地水生植物恢复。增加物种多样性,形成陆生、湿生、挺水、漂浮、沉水等植物类型的有机组合。以优势种与伴生种的模式进行种植,丰富群落结构。针对水质问题采用对应的水质净化植物。

(3)鸟类栖息地恢复。综合鸟类招引技术、种植吸引鸟类的植物、结合水域与基底的改造制定栖息地恢复方案。

2. 水体恢复控制

经调查分析,白鹤滩公园所处地段的河流水系,水量变动正常,湿地公园水环境质量总体良好,但杨柳河河道部分存在一定的水质污染,水体富营养化较为严重。另外,污水处理厂紧邻白鹤滩湿地公园的核心开发区,污水处理厂大大降低了水质污染,但还不能达到景观用水标准。因此,以污水处理厂为依托,梳理白鹤滩湿地公园的核心使用区现状水塘,连通水系,形成由生态河道、中部多塘湿地以及生态沙洲复合体组成的净化系统。

在杨柳河上游设坝抬高杨柳河水位,通过现状沟渠将水引入白鹤滩湿地公园人工生态河道，在人工生态河道设置拦水坝，将水滞留在生态河道内。污水处理厂处理后的中水经检测后排入中部多塘湿地再次过滤和净化。中部多塘湿地净化后的水流入沙洲复合体中的水塘，排入岷江水系。通过对现状水塘的梳理和重建，以贯通的水系带动多塘系统中水的流动，促进水质净化(图 11-10)。

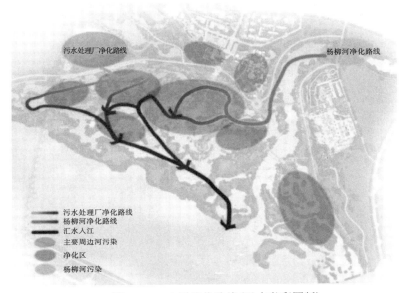

图 11-10　水质净化路线(见本书彩图版)

3. 驳岸改造

针对驳岸的功能和出现的不同问题，提出了不同驳岸的恢复和改造方式(图 11-11)。对自然驳岸可在恢复植被的基础上，利用芦苇等水生植物护岸，防止水土流失，并为鸟类、鱼类等提供栖息场所。对于全硬质驳岸采取铁丝石笼或生态袋处理。对于混凝土卵石缓坡驳岸利用生态方槽，结合植物的恢复，为湿地提供缓冲。

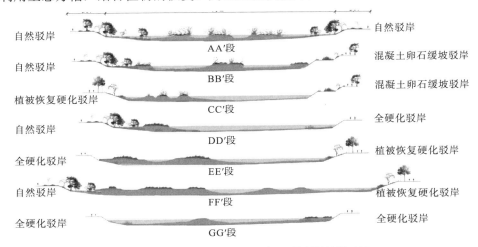

图 11-11　新津白鹤滩国家湿地公园驳岸改造

### 4. 植物恢复控制

根据前期的调查分析，白鹤滩湿地公园的植物存在类型搭配单一的问题，目前选用的湿地植物多数是冬季枯叶植物，而常绿品种较少，缺乏季相变化，冬季景观单调。现状植物结构缺乏对水质的缓冲和净化作用。因此，以生态优先、因地制宜、生物多样性、整体性为原则，根据不同的区域，制定植物恢复及配置的规划控制（表11-4）。

表 11-4    新津白鹤滩国家湿地公园植被恢复控制

| 区域 | 主要现状植物 | 预期效果 |
| --- | --- | --- |
| 农田区域 | 稻田、槐树、八角枫 | 保留原有稻田、打造田园风光 |
| 百花草畔区域 | 加杨、苦楝、狗牙根、藕草、蛇床子 | 营造开阔绚烂的河畔风光 |
| 景观密林区 | 加杨、构树、槐树、麻竹、狗牙根 | 栽植乡土树种、形成优美密林空间 |
| 防护林带 | 垂柳、加杨、水杉 | 有效维护湿地生态平衡 |
| 原生湿地植物保护区 | 八角枫、细节芒、问荆、牛尾蒿、藕草、狗牙根 | 保留原有植被和生态系统 |
| 水净化植物景观区 | 蕙草、芦苇、茭白、浮萍 | 选取净化能力强的水生植物净化河流水质 |
| 湿地植物园 | 菖蒲、芦苇、菱角、白茅、茭白、野慈姑 | 景观和科普教育相结合 |
| 湿地观赏植物景观区 | 蛇床子、白茅、水芹、问荆、空心莲子草 | 合理搭配突出景观价值 |
| 水生鸟类栖息地景观区 | 苦楝、桉树、麻竹、一年蓬、水麻 | 水生鸟类繁衍生息的自然空间 |
| 鱼塘景观 | 加杨、狗牙根、浮萍 | 合理栽植水生植物，利于鱼塘经济价值 |
| 芦苇群落景观区 | 芦苇、狗牙根、蒲苇 | 打造飘逸的芦苇景观 |
| 千屈菜群落景观区 | 千屈菜、野慈姑、牛尾蒿 | 紫红团簇的千屈菜景观 |

在河岸增加乔木，如加杨、乌桕等，起到对湿地公园生态体系加以隔离和保护的作用。乔木下增加灌木，如栀子、南天竹等，增加景观的层次感和多样性。河畔区域在原有大量植被的基础上增加具有观赏性的开花灌木和地被植物，如紫茉莉、红花酢浆草、葱兰等，注重丰富植物景观的色彩。在水流急促的区域增加根系发达的挺水植物以及浮水、沉水植物，起到减缓水流、沉降泥沙的作用。浮水及沉水植物选择净化能力强的品种，对园区水质及整个生态环境起到良好的保护作用。

新津湿地公园内的植物种植以乡土植物为主，突出新津植物景观特色。对于湿地景观区，主要采用缓坡护岸的方式，植物在种植形式上形成"乔木与湿地植物"的水陆结合配置方式。水生植物采用观赏效果好的菖蒲、鸢尾、玉簪等耐水湿的植物和芦苇、荷花等净化功能强的植物一起搭配。林下植被可增加玉簪、蝴蝶花、紫萼等耐阴湿的植物；路边或草地中间可布置观花的地被植物及自播繁衍能力强的波斯菊、蛇目菊等；滨水低湿地带可以种植水生鸢尾、美人蕉等。景观营造应突出规模与季相变化，植物景观应突出植物群体美，强调远观，成带状或大片栽植，形成一定规模，展现群落整体美。注意远景、中景、近景的协调搭配。

5. 栖息地恢复规划

调查了解湿地公园内主要野生动物的生活和栖息场所及特征，在此基础上进行栖息地的恢复(图 11-12)。

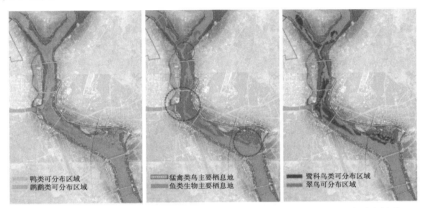

图 11-12　新津白鹤滩国家湿地公园野生动物的分布(见本书彩图版)

充分利用现有河流的微地形、地貌条件，通过人工适当扩宽、改造，使之形成自然缓坡，延伸入河道，恢复河滩和河岸线的自然状态，营造适于野生动物觅食、繁殖和栖息的环境。在原低洼地区构建基塘，连通水系，丰富植物群落，构建林泽、草泽多样生态空间，为动物提供栖居环境。在水岸和高地种植鸟类庇护林，为鸟类提供营巢、庇护场所。构建植物缓冲带，减少外界对动物的干扰，构建栖木招引鸟类。通过改造基地、创造不同的水深和水流条件，为鱼类的活动提供多样的场所(图 11-13)。

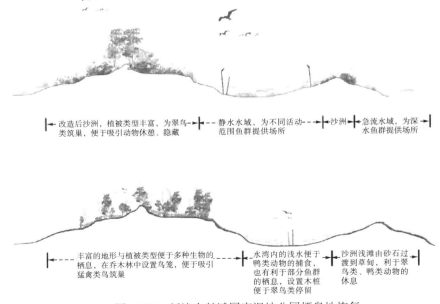

图 11-13　新津白鹤滩国家湿地公园栖息地恢复

#### 11.1.3.4　科普教育宣传规划

白鹤滩科普教育依托综合管理区的建设，形成室内和室外展示两部分。室外展示结合场地内形成的雨水收集系统，如雨水花园、植草沟等，以及生态河道、多塘湿地的净化处理系统构成户外科普教育基地。室内部分通过展厅、科普小剧场、湿地动植物模型沙盘、电子解说屏等动静结合方式进行展示教育，并借助光、电、声技术与景观设计，使游人能够多角度、全方位地认识和了解。

保持室内与室外景观的通透性，让原生的湿地景观吸引人们主动学习和了解。室内展示内容以白鹤滩湿地的自然特征、发展演化历史以及白鹤滩湿地的自然资源和当地文化资源为重点。

#### 11.1.3.5　行为活动控制

严格保护区禁止除监测外的任何活动，恢复区允许少量低能量静态活动，缓冲区主要进行低能量静态活动和少量高能量动态活动。开发区可进行高能量动态活动。由于主要建设和使用集中在开发区和缓冲区，根据新津国家湿地公园的具体情况，主要的核心开发和使用发生在湿地公园规划区中部，因此，该区域是游客使用控制的重点。以该区域为例，进行行为活动控制。对该区域进行详细的使用和功能的分区，如图 11-14 所示。

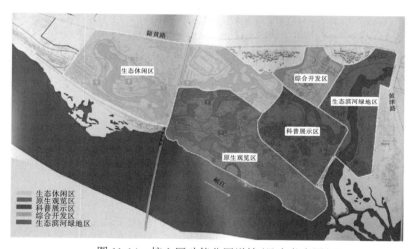

图 11-14　核心区功能分区详情(见本书彩图版)

1. 交通活动控制

设置主入口 1 处，次入口 2 处。公园的停车场主要设置于入口服务区，公园应严格控制景区机动车出入，特殊情况允许机动车出入。

该区域道路主要分为三级：骑行道(一级)、游步道(二级)以及木栈道(三级)。骑行道路面为透水性铺装，路基宽 3m。游步道设计宽度为 2～3m，在湿地公园的在开发区内设立湿地栈道，宽 2m，两边设置护栏。保护区的小径以 1.5m 原始铺装为主。

2. 游人控制

湿地公园综合开发区的日环境容量按面积法计算：

$$C = \frac{A_1}{A_{m1}} D \qquad (11\text{-}1)$$

式中，$C$——日环境容量，人；

$A_1$——公园陆地面积，$m^2$；

$A_{m1}$——人均占有公园陆地面积（陆地游人容量按 64～72$m^2$/人计算）；

$D$——周转率（按 1.8 计算：湿地公园每日开放 8h，舒适游完耗时以 4.5h 计算）。

计算得到综合服务区的容量为 1071～1204 人/日。

休闲观光区、科普展示区以及保护区按线路法计算，以每个游人所占平均道路面积（5～22$m^2$/人）计算。

$$C = D \frac{M}{m} \qquad (11\text{-}2)$$

式中，$C$——日环境容量，人；

$D$——周转率；

$M$——游道长度，m；

$m$——人均占有道路面积，$m^2$/人。

计算得到各区容量如下：

生态休闲区游客容量为 450～1980 人/日；

科普展示区游客容量为 420～1849 人/日；

原生游览区游客容量为 376～1656 人/日。

因此，对环境容量进行监测，设置过载指标，对于过载情况应采取一定的管理措施。

3. 环境保护要求

水资源保护。水环境质量主要指标达到《地表水环境质量标准》（GB 3838—2002）Ⅲ类水标准，湿地公园及周边污水收集处理率达到 100%，排放达标率达到 100%。

噪声污染。湿地公园内，休闲游览的噪声白天不超过 50dB，夜间不超过 40dB。

4. 环境保护措施

针对每一功能分区的环境状况、资源的敏感程度，并结合重点保护资源、游客的心理期望制定控制目标。综合管理区是建设的主要区域，尽量避免或减轻对环境的负面影响。该区域常见的活动有室内外解说展示以及购物。该区域的设施主要有游客中心、道路、停车场、人行道、管理建筑等。结合游客的使用，该区域的主要控制目标是，避免或减轻对环境的负面影响，能够提供安全、高水平的游客访问质量。

生态休闲区资源以保护与恢复为主，支持人类、植物和野生动物群落之间的良性互动，允许一定程度的对原生环境的改造，增加游览设施，为游人提供生态、湿地休闲娱乐体验场所。该区域主要活动包括骑行、游赏、垂钓、观鸟等。该区域的控制重点是维护设施，减轻游客使用对自然资源的影响，并提供较为良好的湿地景观和游憩质量。

科普展示区通过构建湿地多塘系统进行湿地水质的净化，展示湿地功能，作为室外科普宣教的基地。该区域的主要活动是室外解说展示。设施较少，主要是游览步道和相关的解释标识。该区域的控制重点是保护自然资源以及正常的生态过程，减轻游客使用对自然资源的影响，并提供较为完善和高质量的游客教育和讲解工作。

原生观览区以原生环境为主，进行生态恢复，将自然资源(包括水和底栖生物资源)维持在接近自然的状态。主要活动是步行游览，且游客的数量、逗留时间、团体规模要给予限制，以保护资源和保证游客的体验(表 11-5)。

**表 11-5　新津白鹤滩国家湿地公园行为活动控制一览表**

| 分区控制及引导 | 综合开发区 | 生态休闲区 | 科普展示区 | 原生观览区 |
|---|---|---|---|---|
| 控制总体目标 | 避免或减轻对环境的负面影响，能够提供安全、高水平的游客访问质量 | 维护设施，减轻游客使用对自然资源的影响，并提供较为良好的湿地景观和游憩质量 | 保护自然资源以及正常的生态过程，减轻游客使用对自然资源的影响，并提供较为完善和高质量的游客教育和讲解工作 | 将自然资源(包括水和底栖生物资源)维持在接近自然的状态 |
| 允许的设施 | 游客中心、道路、停车场、人行道、管理建筑 | 中、小型景观设施、卫生服务设施、管理监测设施 | 设施较少，主要有游径和解释标识 | 几乎没有设施，仅有少量游径和标识 |
| 允许的活动 | 室内外解说展示以及购物 | 骑行、游赏、垂钓、观鸟 | 室外解说展示 | 步行游览 |
| 允许的游径等级 | 一到三级 | 一到三级 | 二级、三级 | 少量三级 |
| 水资源保护控制 | 《地表水环境质量标准》III类水标准 | | | |
| 噪声污染控制 | 白天不超过 50dB，夜间不超过 40dB | | | |
| 环境容量 | 1071～1204 人/日 | 450～1980 人/日 | 420～1849 人/日 | 376～1656 人/日 |

### 11.1.3.6　景观规划引导

#### 1. 总体景观控制

在湿地公园的入口处、各景观节点以及道路(一级、二级)300m 以内的区域，所有构筑物、建筑物风格与新津国家湿地公园总体风格保持一致。以当地传统建筑、色彩、使用材料为参考，对已存在的与湿地公园风格不符或冲突的构筑物、建筑物进行清理、改造或遮挡。

根据新津国家湿地公园现场及周边环境的视觉特点，将湿地公园的景观控制和引导分为三个区域进行(图 11-15 和表 11-6)。

(1)自然生态景观段。该区段位于国家湿地公园的北部，由公园北部边界至迎宾大道，该区域以自然景观为主，人为干扰较少，生物多样性丰富。该区域保留自然景观特征，以生态建设为主，不做大型建筑建设，可适当添加景观构筑物，增加景观丰富感。

(2)人文生态景观段。此区段景观以展示新津文化为主，保持与古堰的视觉通廊。保持景点以及道路 1200m 以内的建筑错落有致，若建筑物形态布局对视觉造成影响，则应通过植物遮挡，或利用林冠线的变化弥补建筑形态的不足。

(3)社会生态景观段。该区段位于湿地公园南部，应在保留原始自然景观、农耕文化景观的基础上，进行生态修复以及景观质量的提升。根据自然环境的基本特征，适当地设置观光、游憩设施。

图 11-15　景观风貌分区控制（见本书彩图版）

表 11-6　新津白鹤滩国家湿地公园景观风貌控制一览表

| 区段 | 景观规划要求 |
| --- | --- |
| 自然生态景观段 | 保留自然景观特征，以生态建设为主，不做大型建筑建设，可适当添加景观构筑物，增加景观丰富感 |
| 人文生态景观段 | 以展示新津文化为主，保持与古堰的视觉通廊。保持景点以及道路 1200m 以内的建筑错落有致，对景观质量差的建筑群进行遮挡，或利用林冠线的变化弥补不足 |
| 社会生态景观段 | 在保留原始自然景观、农耕文化景观的基础上，进行生态修复以及景观质量的提升。根据自然环境的基本特征，适当地设置观光、游憩设施 |
| 入口、景点、一二级道路 300m 范围内 | 构筑物、建筑物风格与新津国家湿地公园总体风格保持一致 |

2. 景观要素控制

　　建筑设计风格应与园区风格相协调，在材质上选择金属茅草、竹钢、木材、竹材等符合野趣自然的整体风格。达到人与自然和谐统一，体现湿地生态文化内涵。建筑高度控制在 3 层以下。

　　观鸟屋、观鸟塔等点状景观外形与周围自然环境和谐统一。临水平台注意视域的把控。景观长廊、景观桥等线性景观考虑外形和材料与环境的和谐性，设置位置与地形相融合，广场景观考虑铺装和空间感。

　　植物以乡土植物为主，拒绝外来物种，防止生物入侵。保留场地内长势良好的乔木和河滩原生草本，不改变现状植物的生态环境。可适当增加自然野趣的本土植物，注重季相变化，常绿与落叶搭配、疏密得当、层次丰富，开合有致。

铺装以地方乡土为原则，与湿地环境氛围相协调。以生态、自然、拙朴的浅草透水性铺地为主。主路可以以沥青路面为主，二级及小径道路可以用以自然荒料为主的石材。

### 11.1.3.7　设施建设规划控制

#### 1. 非工程类设施规划控制

主要环卫设施包括公共卫生间、移动式卫生间以及垃圾箱。公共卫生间选址应隐蔽、方便使用，垃圾箱应与游人分布密度相适应，主要分布于道路旁，设置在景观节点和人流量集中的区域。出入口、重要景点、典型植物分布区、水鸟栖息地等重要节点处设立标志牌，科普展示区设立生态知识宣传标牌。

(1)垃圾箱：在湿地公园内游线上每隔 500m 设置垃圾箱 1 个，共计设置 30 个。

(2)垃圾收集点及运输车：在湿地公园内设置 2 处垃圾收集点，并购置垃圾运输车 1 辆。

(3)环保厕所：规划在湿地公园内游客聚散和流量大的地方，共设置 3 个高级环保厕所，建筑面积为 $40\sim100m^2$/座。

#### 2. 工程类设施规划控制

##### 1)给排水工程

给水工程。新津国家湿地公园目前供水来自周边水系，供水量充沛。供水管网建设建议采用枝状管网，以节省投资。局部用水点集中且有条件的区域供水管网可采用环状管网。

给水管网布置。新津白鹤滩国家湿地公园用水接城市给水管网，管道沿着规划道路布置。给水管网的管径为 DN100、DN50，通过管道输水源到各个景点。消防按照规范，在基地环形干道上每隔 120m 设室外地上消火栓。

排水工程。公园实行雨污分流。雨水采用自然排放的方式，直接就近汇入公园水系。湿地公园的污水除小部分可采用生物方法处理达标后分散处理就地排放外，其余均需采取截污纳管处理，尤其是一些建筑和游人较集中区域内的污水，经管道收集后直接排入市政污水管网。旅游服务中心有独立的排水规划，规划室内采用雨污分流，污废分流。室外采用污废合流，排入化粪池(集中厨房出口再加设隔油池)，而后经污水提升泵提升后排入市政污水管网(若周边条件允许，也可直接排入市政污水管网)。雨水以一年重现期设计，雨水经管道汇流就近排入水体。

污水处理站设置在综合管理服务区，日处理能力为 $100m^3$，生化处理达到一级排放标准后就近排除，排水口的位置要选在不影响湿地公园景观的地方。

污水水质处理后排水要求达到国家污水综合排放标准(GB 8978—1996)一级标准中的二级生化污水处理排放标准：$COD\leqslant60mg/L$，$BOD_5\leqslant20mg/L$，$NH_3N\leqslant15mg/L$，$SS\leqslant20mg/L$，$pH\leqslant6\sim9$。

2）电力电信工程

电力工程。湿地公园内供电均接入了新津县的城市管网，电力供应能满足目前生产生活需要。湿地公园用电从金华镇供电设 110kV 的电源接到各主要用电点，经变压配电房降压供用电点使用。为避免影响湿地景观，供电线路采用套管地埋敷设为主。用电供电线路采用 220/380V 的三相四线制方式供电，配电线以套管直埋暗线为主。

电信工程。保留湿地公园内原有线路，管理所、各保护管理点的电话从市话网就近接入。

3）医疗救护与防灾避难

在游客服务中心设置救护站，为游客的健康安全提供就近的医疗保障。考虑城市的防灾功能及防灾空间的专业规划，将湿地公园中主入口广场及次入口广场以及接待服务区的广场规划为紧急疏散避难场所，并结合防洪堤为主的观光环路设置疏散通道。

# 11.2　国家湿地公园控制性规划导则

## 11.2.1　总体设计

### 1. 基本原则

（1）生态优先原则。国家湿地公园的规划建设应始终将湿地的生态保护与恢复作为首要任务，一切开发和利用任务在湿地生态保护的前提下进行，尊重自然、顺应自然，避免开发利用活动对湿地自然生态环境的干扰和影响。对于已遭到破坏的湿地，科学地制定恢复计划。

（2）因地制宜。尊重场地及其所在地的自然、文化、经济等条件状况，并根据上位规划开展相关工作，彰显地域特色。

（3）可持续发展原则。合理设计用地布局，协调资源的保护与利用，满足各利益相关者的要求，促进国家湿地公园的可持续发展，充分考虑可持续发展问题，要着眼宏观、立足长远，协调好湿地开发和湿地原有景观维持的关系。

（4）科技支撑原则。以现代科学技术手段为依托，为湿地公园的保护和恢复，建设和发展提供科学依据和参考，强化湿地公园建设的决策力、洞察发现力和流程优化力。

### 2. 资源调查与分析

在总规的指导下，对场地进行全面的调查与分析。在掌握区域自然与经济社会背景的宏观层面下，对场地及周围自然资源环境、社会人工环境、景观资源状况等进行详细的调查分析。

（1）自然资源环境：了解湿地类型、功能特征、场地的地质地貌特征，掌握湿地的水文状况，包括湿地水文周期、补水、排水、水环境状况等。明晰生物种类及分布、植物种类及典型群落、生境类型等信息。对场地的敏感性进行综合分析与评价。

（2）社会人工环境状况：掌握场地内部及周围的社会人工环境特征，重点分析湿地公园的开发建设对社会人工环境的积极作用，社会人工环境对场地的干扰和威胁。

（3）景观资源：了解自然与人文资源环境的特征、资源构成及等级，重点对视觉景观特征进行分析。

### 3. 区划结构

采取圈层模式进行空间布局，保护区与开发区之间要有一定的缓冲，保持至少30～60m的缓冲带，从而满足动植物栖槲和传播的需要，并起到防止水土流失、过滤杂物的作用，满足各类生物生境需求。缓冲带的外围带进行主要的开发建设活动，中部缓冲带进行对生态环境影响小的游憩活动，生态保护区不进行生态恢复以及科研监测外的任何活动。

#### 1）保护区

保护区对具有较高生态价值或其他特殊或稀有资源进行保护，如具有完整生态系统结构、能够提供生态系统功能服务的地区或资源、较高的观赏价值、稀有的特殊地形地貌等。保护区仅进行保护监测的必要管理活动，不得进行湿地生态系统保护和管理以外的其他活动。

#### 2）缓冲区

缓冲区应设置在开发区与保护区之间，利用不太敏感的非湿地与湿地流域的自然生态环境，作为脆弱又关键的生态区域的屏障。缓冲区区域允许较低强度的开发建设活动、生态恢复与科普教育活动。缓冲区的开发建设活动应尽量避免生态敏感、脆弱的地段，并尽量减小开发建设活动对环境的干扰。

#### 3）开发区

开发区应尽量根据场地的原始特征，设置在受城市影响大，交通便利，受人类干扰频繁，生态环境耐受性较高的区域。可承担管理区和部分对环境影响较大的合理利用区的功能。开发区可以进行人群聚集、活动强度大的项目建设，如游客集散中心、停车场、相关餐饮接待等服务设施。

## 11.2.2 用地规划控制

### 1. 基本要求

（1）科学的空间布局。规划过程中应采取圈层模式进行空间布局，在保护区和开发区之间应有明确的缓冲区域，避免保护区过多受到人为的干扰。

（2）内在价值适宜性。用地开发应融入社会价值的考虑，根据场地的特征以及社会价值或社会期望，选择适宜的用地开发类型。

（3）生态保护适宜性。综合用地开发本身对环境的影响以及其承载的活动对环境的影响，尽量降低对场地环境的影响，避免严重影响生态保护的选址。

（4）区划要求适宜性。应按照开发利用区到保护区依次减弱进行开发建设、活动设置的规划。

## 2. 用地比例

为实现湿地生态保护的目标,应根据不同水域面积的国家湿地公园对其保护区面积做出要求。从功能分区的角度,保育区与恢复区的面积应大于国家湿地公园面积的 60%,合理利用区的湿地面积应控制在国家湿地公园湿地面积的 20%以内。对国家湿地公园的绿化、管理建筑、游憩和服务设施、园路及铺装场地的用地比例要求见表 11-7。

表 11-7　国家湿地公园用地比例要求

| 陆域面积/hm² | 类型 | 保护区/% | 缓冲区/% | 开发区/% |
|---|---|---|---|---|
| <500 | 绿化用地 | 100 | >85 | >80 |
| | 游憩、服务、功能性建筑 | — | <0.5 | <1 |
| | 园路及铺装场地 | — | 3~6 | 5~8 |
| | 管理建筑 | — | <0.3 | <0.5 |
| 500~1000 | 绿化用地 | 100 | >90 | >85 |
| | 游憩、服务、功能性建筑 | — | <0.6 | <0.8 |
| | 园路及铺装场地 | — | 3~6 | 5~8 |
| | 管理建筑 | — | <0.3 | <0.5 |
| 1000~5000 | 绿化用地 | 100 | >90 | >90 |
| | 游憩、服务、功能性建筑 | — | <0.3 | <0.5 |
| | 园路及铺装场地 | — | 2~5 | 3~6 |
| | 管理建筑 | — | <0.1 | <0.3 |
| >5000 | 绿化用地 | 100 | >90 | >90 |
| | 游憩、服务、功能性建筑 | — | <0.3 | <0.3 |
| | 园路及铺装场地 | — | 2~5 | 3~6 |
| | 管理建筑 | — | <0.1 | <0.3 |

## 11.2.3　生态恢复控制

### 1. 基本要求

全面了解引起湿地退化的原因,制定恢复目标,有针对性地采取恢复措施。应根据具体的湿地水文条件,因地制宜地采取恢复措施。从系统的层次出发,指导湿地恢复的规划,以适当的人工引导促进自然的可持续发展。

### 2. 控制及引导

生态恢复规划控制要点见表 11-8。

表 11-8　生态恢复规划控制要点

| 控制内容 | | 控制要求及引导 |
|---|---|---|
| 水体恢复控制 | 措施引导 | ◎水系恢复<br>——引水补水：对于水量补给不足的问题，可采用生态工程，如利用水闸蓄水，沟通水系，对湿地进行引水。若水源较远，可采用地下管道或水泵抽水等方式引水。若水源较近，可通过挖渠引水。可结合雨水处理系统、污水处理系统的规划，为湿地水源提供有效且可持续的补水方式<br>——疏浚清淤：对于泥沙沉积、河道阻塞或水体沼泽化的情况，可采取疏浚清淤，河流梳理沟通配合泥沙拦截，注意保证水体间生物的交换<br>——生态结构恢复：可采取"退田还湿"的生态改造措施，进行湿地或河道的再自然化，包括对鱼塘岸线的整体规划、恢复曲折岸线等<br>◎水环境恢复措施<br>——源头控制：健全水资源保护法规，改变污水的处理方式<br>——过程削减：增加水体自净能力，建立跌水堰、缓冲带、生态浮岛等<br>——末端治理：在岸边或水质较差的区域设置泡塘或通过人工湿地的构建，进行污水处理 |
| | 规划引导 | ——沟通水系网络，增加水流的复杂性<br>——根据排水，构建多级水体自净综合利用系统：明确湿地在整个系统中所处位置，与周围的自然与人工系统相连接，构建湿地恢复的结构网络 |
| 驳岸改造控制 | | ——稳定性：对驳岸结构与环境的作用特点，如与水流的作用状况，进行综合分析和研判<br>——功能性：根据功能需求选择改造形式和材料<br>——生态性：尊重环境的自然条件，因地制宜地采取改造措施，不可照搬不符合场地特征的改造形式 |
| 动物栖息地恢复控制 | | ◎总体要求<br>——符合目标物种习性和需求<br>——提供多样化生境类型<br>◎恢复引导<br>——陆地生物栖息地：按照自然生态系统的结构，采用乔、灌、草构建完整的结构层次，为野生动物提供隐蔽及繁育条件；要提高植物的物种多样性，采用能提供食物来源的树种<br>——湿地生物栖息地：根据该区域主要出现的生物种类营造不同水深、不同滩涂类型的生境<br>——水生生物栖息地：丰富水生植物、增加遮蔽物、增加砾石群；种植不同生态型的水生植物；可利用人工浮岛或鱼巢为水生动物及两栖类动物提供栖息、繁殖的场所；利用砾石群改变基底的结构，创造不同的水深和流速条件 |
| 植物恢复规划控制 | | ——完善群落结构层次、丰富群落多样性<br>——注意各结构层次、物种层次间的搭配：乔、灌、草，水生、湿生、陆生，常绿与落叶，速生和慢生间的搭配<br>——根据环境特点选择生长条件与其相符合的植物种类，尽量选用乡土品种，因地制宜 |

## 11.2.4　科普教育规划控制

### 1. 基本要求

科普教育规划控制应避免形式单一、内容泛化的问题，综合利用湿地公园的环境和资源特色进行湿地知识的普及，增加趣味和互动性，增强对生态过程的教育和普及。

### 2. 控制及引导

科普教育规划控制要点见表 11-9。

表 11-9　科普教育规划控制要点

| 控制内容 | 要求及引导 |
| --- | --- |
| 视觉组织 | ——充分考虑场地特征，展示湿地的原始面貌<br>——加强室内外空间的视觉连接，将室外的原生环境引入室内<br>——根据场地的视觉景观特征，设置观景点，组织视线 |
| 生态过程展示 | ——构建场地的可持续系统<br>——运用生态节能的技术与手段 |
| 互动体验 | ——利用科学技术提供互动体验的机会：环幕影院、模拟场景等的运用<br>——利用室外空间增加互动性的景观元素或地形塑造，增加探索式的景观和趣味性的体验 |
| 地域特色体现 | ——传统材料的运用<br>——传统手法的使用<br>——展示内容地域特色化 |

## 11.2.5　行为活动控制

### 1. 基本要求

根据国家湿地公园的区位、功能定位以及规模，对出入口位置及数量、游线组织进行控制。遵循生态优先原则，结合人的行为心理进行道路交通的规划和设计。在生态保护的同时，注重游客的游憩质量，充分发挥湿地公园的社会服务功能。

### 2. 控制及引导

行为活动控制要点见表 11-10。

表 11-10　行为活动控制要点

| 控制内容 | | 控制要求及引导 |
| --- | --- | --- |
| 交通活动控制 | 出入口控制及引导 | ◎出入口布置<br>——主入口：以便捷、可达为主，面向城市主干道或广场，联系城市主要交通路线，避免设于道路交叉口<br>——次入口：设置于主要道路旁，靠近周边居住区出入口，或每相隔一段距离以方便市民进入而设置<br>——专用出入口：设置于公园较僻静处<br>◎出入口数量<br>——根据湿地公园的区位、功能定位、规模和管理设置；一般主入口 1~2 个，次入口大于 2 个，专用出入口 1~2 个<br>——以保护为主的湿地公园出入口设置不宜过多 |
| | 游线组织 | ◎陆上游线<br>——单一轴线型：游人限制度大，适合环境较为敏感的区域<br>——单环式：可根据湿地公园的定位与规模，结合出入口为游人提供不同的游览形式；多在湖泊型湿地公园出现<br>——多环式：可通过改变环状的大小，调整游览的路线长度，满足不同人群的使用需求；适合城市以及周围社区联系紧密的湿地公园<br>◎水上游线<br>——组织应以展示湿地生态景观特色和当地人文景观为主 |
| | 道路等级 | ——一级园路：与主要出入口相连，并承担运输、消防的功能；宽度一般在 4~7m，以提供便捷的交通服务为主<br>——二级园路：以 3~5m 为宜<br>——三级园路：以 1.5~3m 为宜；设计上应以提供精致的景观和通达的功能为主<br>——小径：一般不低于 0.9m，保证在两人相遇时能侧身通过；应以野趣、自然为宜 |
| | 路网密度 | 开发区小于 150~380m/hm$^2$，缓冲区的路网密度限制在 100~200m/hm$^2$，但各个湿地公园有其自身的具体特点，应根据具体情况做出调整 |

| 控制内容 | | 控制要求及引导 |
|---|---|---|
| | 游径铺设方式 | ——应综合环境的敏感性、使用功能以及美观性对铺设的方式和材料做出选择<br>——在游憩密度大，使用强度高的区域，应选择耐磨、不易坏损的游径材料<br>——考虑游憩材料与周围环境的融合性，尽量采用当地材料进行铺装<br>——路面较宽的道路，自身若不具有渗透性，则可结合植草构、与园内其他具有滞留或渗透雨水功能的绿地，或构建雨水花园，引导园内雨水的收集和处理 |
| 游客容量控制 | | ——开发区人均占有的陆地面积为 64～72m²/人<br>——平均所占道路面积为 5～22m²/人<br>——人均占有的水上活动面积为 267～360m²/人<br>——针对不同的区域，根据国家湿地公园的区位和定位，对每一区域自然或文化资源的期望水平，以及该区域可提供的游客服务，或期望的游憩体验标准，制定该区域的发展或保护目标，设定不同分区的游人容量 |
| 环境保护控制 | | ◎环境保护控制要求参考<br>——水环境控制：湿地公园水质一般按照地表水Ⅲ类执行<br>——对鸟类栖息和筑巢的干扰控制：根据鸟类生活习性，以鸟类反常活动情况作为控制标准，如每日惊飞次数等<br>——对游径及其相关环境影响的控制：针对非正式游径的开辟应进行控制，针对游径周边土壤、植被变化情况允许变化的限度制定标准<br>——游客对文化资源的改变程度控制：应对文化资源建立描述和评估体系，对其划分等级，制定保护目标<br>◎环境保护措施<br>——加强生态保护教育：针对国家湿地公园的行为规范及相关条例进行教育；游客相互间的礼仪教育，制定相应的监督和管理计划，加强管理和执行<br>——增加管理标识或设置障碍物：对于特别保护的区域，或特别敏感、使用需注意的资源，可在相应位置增加管理标识，提醒游客注意，或进行详细的说明<br>——完善信息发布设施：完善监测体系，利用网路连接，提高信息发布效率，避免高峰拥挤或游憩设施的过度使用 |

## 11.2.6　景观规划控制

### 1. 基本要求

以本底环境为基础，降低对自然、文化资源与环境的影响，保持景观形态与湿地自然环境以及当地文化氛围的协调性和融合性，并将公众的良好感受纳入景观营造和设计中。

### 2. 控制及引导

景观建设控制要点见表 11-11。

**表 11-11　景观建设控制要点**

| 控制内容 | | 控制要求及引导 |
|---|---|---|
| 景观建造控制 | 建筑建造控制 | ◎建筑高度控制<br>——服务建筑层数以 1 层或 2 层为宜，不宜超过 3 层<br>——起主题或点景作用的建筑物或构筑物的高度和层数可视功能和景观的需要而定，其体量应按不破坏景观和环境的原则严格控制<br>◎建筑色彩<br>——与自然和人文环境协调<br>——弱化非自然色彩，采用沉稳、低调不明显的色彩表现出与自然的协调<br>——从当地的历史人文环境、地域特征中提取色彩<br>◎建筑材料<br>——本地材料为宜<br>——考虑材料整个生命周期的可持续性<br>◎建筑造型<br>——采用适当的设计节能减排<br>——融合自然，与环境相呼应 |

续表

| 控制内容 | | 控制要求及引导 |
|---|---|---|
| 景观风貌控制 | 铺装控制 | ——结合当地传统做法与形式<br>——铺装路面宽度应与湿地公园的规模和游人容量相适应<br>——根据景观需求，灵活选择铺装材料的尺寸、间距、材料<br>——考虑游人使用的安全性和舒适性 |
| | 点状景观控制 | ◎以生态性与可持续性为原则<br>——根据环境的条件和特征，选择植物以及营造方式<br>——避免不适宜本地环境条件的营造形式而造成资源和能源的耗费<br>◎注重地域性的表达<br>◎营造审美意境<br>——借助天气、光线等自然天气现象等非生物要素营造意境<br>——借助声音要素营造意境 |
| | 线状景观控制 | ——保持空间渗透性<br>——邻水的线状景观应尽可能地展示湿地特征，让水域进入视线<br>——丰富植物色彩及种类 |
| | 面状景观控制 | ——观景平台应设置在视线开阔、空间开敞的地方，以能够呈现丰富的景观元素，并具有一定层次和秩序的区域为宜<br>——保持一定的空间开敞性<br>——植物配置应具有一定的秩序性，做到变化中有统一，对比中有协调，均衡中有稳定，变化中有规律 |
| | 整体景观风貌控制 | ◎内部景观风貌控制<br>——在综合分析周围环境特点、充分挖掘当地文化特征的基础上，根据不同区域自然与文化环境特征提出湿地公园的景观风貌控制要求<br>◎周围景观风貌的控制，划定景观风貌控制区<br>——主要景观观赏点半径300m区域内：建筑、构筑物外观应尽量与当地文化、地域特色保持一致，与湿地公园整体风格保持协调；整体上应与湿地公园自然环境或当地文化环境相协调，对影响视觉质量的建筑或构筑物进行整治，或利用植物遮挡视线<br>——主要景观观赏点半径300～1200m区域内：建筑群布局应高低错落，尊重当地传统肌理；在观景点，根据视线特点，利用植物引导视线，控制视域，避免视觉质量差的景观进入视区 |

### 11.2.7　设施建设控制

1. 基本要求

（1）功能使用合理性。设施建设应首先满足功能要求，保证其所承担的功能性作用正常发挥。根据项目活动的需要、区划的要求进行服务管理设置的整体布局。充分考虑游人的使用，为游客提供舒适便利的服务。

（2）设施配备安全性。湿地公园必须以确保游人安全为前提，做好游客防护设施，对存在安全隐患的地区和场所，应有所警示，并对紧急事件有所预案，园内应预留紧急避险的场所，并配备相关的医疗、救护设施。

（3）生态环保和可持续性。设施建设应从其体量外观上保持与环境的协调性和一致性。在选址和布局上减小对环境的影响。因地制宜地进行设施造型的设计，充分利用场地条件，创造低能耗的设施形式。采用生态节能的材料，如使用本地建材或新型节能材料，并考虑其维护的难易程度。

2. 控制与引导

设施建设控制要点见表 11-12。

**表 11-12　设施建设控制要点**

| 控制内容 | | 控制要求及引导 |
| --- | --- | --- |
| 设施建设控制 | 外观控制及选址布局控制 | ——与湿地公园的整体风格相协调，与当地文化环境保持一致<br>——造型与材料的设计和选择上应做到生态可持续，尽量保持设施从规划设计、施工建设到后期的运营维护，甚至到设施的拆除的节能无害<br>◎大型设施<br>——考虑地理环境条件、资源的利用、交通和人流量的情况<br>——可持续的场地选址，包括适应场地的小气候，充分利用设施的朝向和造型减少能源的消耗<br>——构建场地的雨水循环系统，保护和节约水资源<br>——材料和资源的循环利用<br>◎中型设施<br>——根据功能要求、人的行为心理进行综合布局<br>——亭、廊等游憩类中型设施的布局应顺应地势，应具有景观艺术上的考虑<br>——服务类设施应充分考虑使用者的行为特征，以方便游人使用为主，并结合其服务范围进行布局<br>——观鸟屋等应考虑到活动对鸟类的干扰，设置在安全距离以外<br>◎小型设施<br>——应考虑到游人的分布情况、游人的行为心理以及人体工程的需要<br>——休息座椅的选址：应有利于游人的休息和观景；宜设置在露台边、道路旁、水岸边、草地、树下等位置；避免阴湿、陡坡地、强风吹袭等易对人体造成不适感的场所；其分布和数量应根据人流量进行设置<br>——垃圾箱的设置应与游人分布密度相适应，并应设计在人流集中场地的边缘、主要人行道路边缘及公用休息座椅附近<br>——解说性指示牌应在湿地公园重要景点、典型植物分布区、水鸟栖息地等重要节点处设立，警示牌至少要在危险路段前 80～100m 处设置 |
| | 非工程类设施规划要求 | ◎科普教育中心、游客服务中心<br>——根据地形条件设置在湿地公园外围开发带，交通便利、场地充裕的地方<br>——高度不超过 2 层<br>◎观鸟屋<br>——距离鸟类聚集点 50m 以外<br>——单体建筑一般以不大于 $100m^2$ 为宜<br>◎科研监测站<br>——选址保证在恶劣天气条件下能正常观测，根据监测、研究对象以及技术要求，结合湿地公园的总体布局统筹安排<br>——规模体量视具体监测站内容定，如生态定位监测站一般在 100～$150m^2$，水文、水质监测站不大于 $30m^2$<br>◎公厕<br>——选址隐蔽、方便使用，中心广场、主要交通主路两侧、大型停车场附近及其他公共场所<br>——服务半径一般控制在 750～1000m，依据湿地公园的规模及人流量做出具体的调整与变化<br>——公厕间隔设置距离、公厕内的蹲位数与游人分布密度相适应<br>◎医疗救护设施<br>——可设置综合的应急处理中心，也可设多个急救站，或与游客服务中心、科普宣教馆等结合设置<br>——一般建筑面积不得大于 $300m^2$<br>◎休息座椅<br>——选址避免阴湿、陡坡地、易造成不适感的场所<br>——分布和数量应根据人流量进行设置<br>——根据具体情况与要求确定，一般按游人容量的 20%～30%设置<br>◎垃圾桶<br>——在人流集中场地的边缘、主要人行道路边缘及公用休息座椅附近布置<br>——公园陆地面积小于 $100hm^2$ 时，垃圾箱设置间隔距离宜在 50～100m；公园陆地面积大于 $100hm^2$ 时，垃圾箱设置间隔距离宜在 100～200m |
| | 工程类设施规划要求 | ——预测用量需求<br>——供应源以就近、经济、方便为原则<br>——网线布置应安全适用，避免影响生态和视觉环境<br>——排水系统实行雨污分流，结合雨洪管理的相关措施进行雨水的就近下渗、存蓄，缓解排水管道的压力<br>——污水处置方法和污水排放点的选择应考虑公共健康以及对环境的负面影响因素，污水不能直接排入湿地水体中<br>——电力电信满足对外沟通、园内信息发布、科研监测系统运行的需要 |

# 第 12 章　结论与展望

## 12.1　结　　论

　　本书以规范研究与实证分析相结合，采用文献研究、社会调查、统计分析、比较研究、案例剖析等多种研究方法，以可持续发展理论、景观生态学、恢复生态学、环境心理学等理论为指导，在综合分析国家湿地公园规划建设及相关规范文件要求的基础上，提出了国家湿地公园的规划建设控规目标以及构成要素。通过文献梳理，结合调查数据，研究了国家湿地公园规划建设现状及其存在的主要问题，明确了国家湿地公园控制性规划的着力破解的问题与研究方向。通过对城市控规、美国国家公园规划体系建设的经验借鉴，提出了国家湿地公园的控制思路和基本原则，并在国家湿地公园总规的框架下，构建了六大控制要素。从理论研究和实践层面上，对各大要素中的具体内容提出了定性和定量的控制和引导，从而为国家湿地公园建设实现可持续发展提供支持，为今后国家湿地公园规划建设的相关规范提供借鉴。本书的主要结论有以下几点。

　　(1) 建立国家湿地公园控制性规划体系，是提升规划建设质量的关键。近年来国家湿地公园的建设得到了飞速的发展，数量上的快速增长说明国家湿地公园的形式得到了极大的认可，但同时也暴露出规划与建设脱节，缺乏对建设可操作性的指导等问题，这些问题导致湿地公园建设效果不佳，制约了国家湿地公园的可持续发展。厘清国家湿地公园的规划建设目标以及主要构成要素，建立国家湿地公园的控制性规划体系是有效改善目前存在的规划与建设偏离的重要举措，是提高国家湿地公园规划建设质量的关键。

　　(2) 有效协调保护与利用间的矛盾，以多目标为导向，构建国家湿地公园控规要素。通过运用较早且成熟的国内城市控制性规划和美国国家公园规划体系的分析和研究得出：城市控规的产生是为了协调个人及企业等多元化投资和利益主体对城市建设的利益诉求，避免无序开发造成城市布局结构混乱的局面，以促进城市的健康发展。对美国国家公园的规划体系的解读，并以大沼泽国家公园为例与国家湿地公园的规划建设比较，发现两者在规划体系侧重点、规划体系的层次、制定依据、规划设计单位、规划建设内容设置，以及分区管理模式上存在差异。研究认为，国家湿地公园的控制性详细规划应以多目标为导向，协调解决主要矛盾，明确控制内容；规划与管理并重，控制与引导并行。在借鉴城市控规体系、城市湿地公园设计导则以及国家湿地公园总则的基础上，提出了国家湿地公园的控制要素：用地控制、生态恢复控制、科普教育规划控制、景观规划控制、游客使用控制、设施建设控制。

　　(3) 明晰用地空间布局和开发强度要求，科学规划和控制用地。对于国家湿地公园的用地应在空间组织形式上形成以保护区—缓冲区—开发区的圈层式区划模式，生态保护区与开发区之间应有缓冲带，从而降低开发区对生态保护的影响。在规划中需要明确每一区划的功能目标和内容要求。

在选址上用地开发应与生态保护要求相适宜，避开湿地公园的敏感地带，减小对湿地公园生态环境的影响。与功能区划相适宜，大型建设用地应设置在外围开发带，缓冲区可进行少量的建设活动，开发建设强度应从开发区向与保护区紧邻的缓冲区逐渐递减。用地开发选址还应与自身的功能相适宜，在符合生态保护和区划要求的前提下，尽可能满足自身的功能价值。

保护用地的面积应大于国家湿地公园面积的60%，合理利用的湿地面积应控制在国家湿地公园湿地面积的20%以内。并应根据国家湿地公园具体情况，对每一区划的绿化面积、管理建筑面积、游憩服务功能性建筑以及园路铺装场地的用地比例提出相应要求。

(4)以针对性、地域性和系统性为原则，因地制宜地采取恢复措施。保证适宜的水量，保持水的流动性是水系恢复的关键，应加强学科间的合作，确定适宜的湿地水量。水环境的恢复以生态技术为主，并注意建管并重。水系恢复的规划应从系统的角度出发，保证湿地的水源和流动性；结合排水方向，构建多级水体自净综合利用系统，形成水体恢复和循环利用的综合网络。

水岸的问题应根据自身结构特点与周围环境的相互作用进行改造。国家湿地公园以自然原生态为主，水岸应以软质驳岸为主，根据具体情况，局部可采用硬质驳岸。

野生动物栖息地恢复应遵循多样性的原则，完善动物的捕食生物链，满足动物多样的栖息地需求。可从陆地生物栖息地、湿地生物栖息地以及水生生物栖息地三个层次的生境入手，进行栖息地的营造。

植物恢复以完善层次结构为主，并注意合理的种类配比。遵循因地制宜的原则，尽量选用乡土品种，并保持一定的多样性。根据主题功能进行选择，并注意层次结构的搭配。

(5)强化科普教育功能规划，唤起公众湿地保护意识。科普教育的规划应强调原生环境的可视性，增强室内外的衔接，将原生环境的展示纳入室内展示和教育中。通过构建场地的可持续系统以及生态及节能技术的运用，可将生态过程作为展示的内容，增强游客的环保节能意识。充分利用各景观要素增强场地与游客的互动性，在互动中学习、增进对自然的了解。多层次、多角度地体现地域特色，促进当地的文化交流。

(6)合理控制交通活动和游人容量，实现"保护式"利用和开发。出入口设置以便捷、可达为主要考虑因素，主出入口与外界主要交通衔接。根据湿地公园的区位、功能定位、规模和管理设置出入口数量。在游线组织方面，除上述考虑外，自然与文化资源状况以及景观节点也是重点考虑对象。游线组织应串联其园内的景观节点，并形成具有一定秩序的游览序列。道路交通控制应顺应生态和游人需求，根据湿地公园定位和规模选择游道组织方式，并对道路等级、铺设方式提出相应的控制。

游人容量一般以人均占有的公园面积和游线长度，按照面积法和游线法进行计算，作为游人容量的参考：国家湿地公园的综合服务区人均占有的陆地面积为64～72m²/人，平均所占道路面积为5～22m²/人，人均占有的水上活动面积为267～360m²/人，但具体的游人容量应根据不同区域、设施状况，自然或文化资源的期望水平，可提供的游客服务或期望的游憩体验标准，以目标为导向进行设定。为规范游人行为，应对相关资源制定保护目标，并结合生态保护教育、增加管理标识、完善信息发布设施等举措，协调湿地公园的生态保护与游人使用。

(7) 景观规划控制应从各要素的自身属性与其组织关系入手，协调好人工要素与周围环境的关系，各要素组成与湿地环境的关系以及其与人的视觉感受。国家湿地公园景观规划控制应从各要素的自身属性与其组织关系入手，协调好人工要素与周围环境的关系、各要素组成与湿地环境的关系，以及各要素组成与人的视觉感受的关系。

以低环境影响以及人的良好感受为原则，对建筑建造的高度、材料选择、整体用地比例提出了相应的要求。铺装材料的尺寸、间距、材料选择应根据景观需求，综合对生态性、安全性的考虑，灵活采用，并应避免对人使用造成负面影响。

线状景观应保持一定的空间渗透性。邻水的线状景观应尽可能地展示湿地特征，让水域进入视线，采用不同色彩的植物种类。面状景观的观景平台应设置在视线开阔、空间开敞的地方，以能够呈现丰富的景观元素，并具有一定层次和秩序的区域为宜。在面状景观的营造上，应保持一定的空间开敞性，植物配置应具有一定的秩序性。做到变化中有统一，对比中有协调，均衡中有稳定，变化中有规律。对于点状景观的人造景观，应以生态性与可持续性指导规划和设计。注重地域性的表达，结合非生物要素(如自然天气现象、光线、声音等)营造审美意境。

对于整体景观风貌的控制，应根据人的视觉特征，划定景观风貌控制区：在主要景观观赏点半径 300m 区域内，保持建筑、构筑物外观与当地文化、地域特色以及湿地公园整体风格的一致性；对于影响视觉质量的建筑或构筑物进行整治，或利用植物遮挡视线。在 300～1200m 区域内，建筑群布局建议高低错落，尊重当地传统肌理。在观景点，根据视线特点，利用植物引导视线，控制视域，避免视觉质量差的景观进入视区。建议在综合分析周围环境特点、充分挖掘当地文化特征的基础上，对不同区域自然与文化环境特征提出湿地公园的景观风貌控制要求。

(8) 设施设计控制重点在尺寸、材质与布局，有效提升国家湿地公园环境与社会的双重效益。设施对于湿地公园的环境效益和社会效益的发挥起着关键作用，应重点从设施的尺寸、材质与布局方面进行科学设计。设施建设的外观应与湿地公园的整体风格相协调，与当地文化环境保持一致。造型与材料的设计和选择上应做到生态可持续，尽量保持设施从规划设计、施工建设到后期的运营维护，甚至到设施的拆除的节能无害。

非工程类设施建设应根据湿地公园的功能布局与区划要求进行总体布局。大型设施在选址和布局上应考虑地理环境条件、资源的利用、交通和人流量的情况。应从其选址到运行的每一环节以环保、节能、增加可持续性为原则，指导大型设施设计和建设。对于人流汇聚或使用强度大的单体建筑，在选址上应顺应自然空间形态及走势，减小对环境的影响。中型设施要根据其功能要求和人的行为心理进行综合布局。小型设施在其选址和布局时应考虑到游人的分布情况、游人的行为心理以及人体工程的需要。

工程类设施建设应保证使用需求，在符合相关安全、卫生规定的前提下，以经济节约、便于维修为要求进行规划。相关工程设置、管网线路应避免对景观、自然资源的干扰和破坏。

## 12.2 展　　望

国家湿地公园的规划设计涉及的学科多、领域广，是一项系统性强、学科交叉的工程，而从规划到建设又是一个复杂和需要多方面协调和考虑的过程。同时，由于目前国家湿地公园规划控制方面的研究还不多，可资借鉴的资料和成熟理论还较少。因此，相关研究还存在不少客观困难，通过较短时间的调查和分析，还难以达到全面完整解构和剖析规划控制各要素的效果。鉴于此，笔者以期在后续的工作中结合实践，进一步深入研究和解决这些问题。

首先，由于湿地类型众多，国家湿地公园数量巨大，我国国土范围跨度大，湿地的生态特征不同，在自然条件以及社会文化经济背景的影响下，各地的国家湿地公园营建方式也不尽相同。本书着重于对国家湿地公园共同存在的普遍问题进行探讨，针对不同的国家湿地公园类型无法一一探讨，但其又具有自身的特殊性，有待于针对不同湿地类型、营建模式等方面进行专类的、更为具体的控制性规划研究。

其次，在相关指标和内容的控制标准的制定上，虽然是在理论分析结合实践经验的基础上提出，但由于目前已建成的国家湿地公园运营时间较短、尚缺乏设计合理性的检验；在湿地生态保护与恢复方面，涉及的问题复杂，且科研监测方面尚待完善。在未来的研究中还需要在相关学科的协助下，基于科学技术以及大数据的支持，提升相关标准的精准度。

最后，国家湿地公园的可持续发展是一个复杂而艰巨的任务，本书从生态保护和游人使用两个方面，以及提升科普教育与游客体验、湿地视觉环境对游客身心健康的影响等方面进行了探讨。而湿地功能作用广泛，在未来的研究中应在基于湿地生态保护与恢复的同时，对国家湿地公园的生态及社会服务功能进行更为全面和深入的研究，以求促进人与自然的和谐发展。

# 参 考 文 献

[1]《中国林业工作手册》编纂委员会. 中国林业工作手册(精)[M]. 北京: 中国林业出版社, 2006.

[2]贾治邦. 维护湿地生态健康保障人类健康发展[J]. 湿地科学与管理, 2008, 4(2): 4-5.

[3]凤凰江苏. 湿地保护: 科学性保护和合理利用湿地资源[EB/OL] (2016-01-29). http: //js. ifeng. com/a/20160129/4247949_0. shtml.

[4]Whigham D F. Wetlands of the World[M]. Netherlands: Kluver Academic Publishers, 1993.

[5]王文卿, 刘纯慧, 晁敏. 从第五届国际湿地会议看湿地保护与研究趋势[J]. 生态学杂志, 1997, 16(5): 72-76.

[6]Kusler J A. Wetlands and watershed management[J]. Scientific American, 1994, 270(1): 64B-70.

[7]严军. 基于生态理念的湿地公园规划与应用研究[D]. 南京: 南京林业大学, 2008.

[8]柯马尔·P D. 海滩过程与沉积作用[M]. 北京: 海洋出版社, 1985.

[9]日本土木学会, 孙逸增. 滨水景观设计[M]. 大连: 大连理工大学出版社, 2002.

[10]陈宜瑜. 中国湿地研究[M]. 长春: 吉林科学技术出版社, 1995.

[11]国家林业局《湿地公约》履约办公室. 湿地公约履约指南[M]. 北京: 中国林业出版社, 2001.

[12]中国城市规划设计研究院. 城市规划资料集. (第四分册): 控制性详细规划[M]. 北京: 中国建筑工业出版社, 2002.

[13]Wilson R F, Mitsch W J. Functional assessment of five wetlands constructed to mitigate wetland loss in Ohio, USA[J]. Wetlands, 1996, 16(4): 436-451.

[14]Davis J A, Froend R. Loss and degradation of wetlands in Southwestern Australia: Underlying causes, consequences and solutions[J]. Wetlands Ecology & Management, 1999, 7(1-2): 13-23.

[15]Chardson C J, King R S, Qian S S, et a1. Estimating ecological thresholds for phosphorus in the everglades [J]. Environmental Science and Technology, 2007, 41(23): 8084-8091.

[16]Seillleimer T S, Mahoney T P, Chow-Fraser P. Comparative study of ecological indices for assessing human-induced disturbance in coastal wetlands of the Laurentian Great Lakes[J]. Ecological Indicators, 2009, 9(1): 81-91.

[17]Davis S M, Ogden J C. Everglades—The Ecosystem and Its Restoration[M]. Delray Beach: St. Lucie Press, 1994.

[18]Redfield G W. Ecological research for aquatic science and environmental restoration in South Florida[J]. Ecological Applications, 2000, 1(4): 900-1005.

[19]Sylvie L, Jonathan P. Rewetting of a cut over peatland: hydrologic assessment[J]. Wetlands, 1997, 17(3): 416-424.

[20]Gregory D S, Daniel W L. Coastal wetlands planning, protection, and restoration act: a programmatic application of adaptive management [J]. Ecological Engineering, 2000, 15: 385-395.

[21]Joan I N. Monitoring the success of metropolitan wetland restorations: cultural sustainability and ecological function[J]. Wetlands, 2004, 24(4): 756-765.

[22]Li T, Raivonen M, Alekseychik P, et al. Importance of vegetation classes in modeling $CH_4$, emissions from boreal and subarctic wetlands in Finland[J]. Science of the Total Environment, 2016, 572: 1111-1122.

[23]Regier H A. Indicators of Ecosystem Integrity[M]//Mckenzie D H. Hyatt D E, McDonald V J. Ecological Indicators. Springer US, 1992: 183-200.

[24]Rheinhardt R D, Brinson M et al. Applying wetland reference data to functional assessment, mitigation and restoration [J]. Wetlands, 1997, 17（2）: 195-215.

[25]Bezbaruah A N, Zhang T C. Performance of a constructed wetland with a sulfur/limestone denitrification section for wastewater nitrogen removal[J]. Environment Science Technology, 2003, 37（8）: 1690-1697.

[26]Bezbaruah A N, Zhang T C. pH, redox, and oxygen micro profiles in rhino sphere of bulrush（Scirpus validus）in a constructed wetland treating municipal wastewater[J]. Biotechnology and Bioengineering, 2004, 88（1）: 60-70.

[27]Bezbaruah A N, Zhang T C. Quantification of oxygen release by bulrush（Scirpus validus）roots in a constructed treatment wetland[J]. Biotechnology and Bioengineering, 2005, 89（3）: 308-318.

[28]Scholz M, Harrington R, Carroll P, et al. the integrated constructed wetlands（ICW）concept[J]. Wetlands, 2007, 27（2）: 337-354.

[29]Zhang L, Scholz M, Mustafa A, et al. Assessment of the nutrient removal performance in integrated constructed wetlands with the self-organizing map[J]. Water Research. 2008, 42（13）: 3519-3527.

[30]Whitehouse N J, Langdon P G, Bustin R, et al. Fossil insects and ecosystem dynamics in wetlands: Implications for biodiversity and conservation[J]. Biodiversity Conservation, 2008, 17（9）: 2055-2078.

[31]Laurance S G, Baider C, Florens F B, et al. Drivers of wetland disturbance and biodiversity impacts on a tropical oceanic island[J]. Biological Conservation, 2012, 1（149）: 136-142.

[32]王立龙, 陆林. 湿地公园研究体系构建[J]. 生态学报, 2011, 31（17）: 5081-5095.

[33]宋雪莲. 我国国际重要湿地每公顷湿地年服务价值已达 11.42 万[EB/OL]. 经济网-中国经济周刊, 2016-02-02[2017-09-20], http://www.ceweekly.cn/2016/0202/141012.shtml.

[34]黄成才, 杨芳. 湿地公园规划设计的探讨[J]. 中南林业调查规划, 2004, 23（3）: 26-29.

[35]林锐芳. 香港温地公园规划理念[J]. 湿地科学与管理, 2006, 2（1）: 51-54.

[36]刘滨谊, 魏怡. 国家湿地公园规划设计的关键问题及对策——以江阴市国家湿地公园概念规划为例[J]. 风景园林, 2006, （4）: 8-13.

[37]汤学虎, 赵小艳. 香港湿地公园的生态规划设计[J]. 华中建筑, 2008（26）: 119-123.

[38]梅晓阳, 秦启宪, 铃木美湖. 崇明东滩国际湿地公园规划设计[J]. 中国园林杂志, 2005（21）: 28-31.

[39]颜文涛, 陈舒一郎. 浅谈山地城市湿地公园的规划途径——以重庆市北部新区九曲河湿地公园规划设计为例[J]. 室内设计, 2010（5）: 45-49.

[40]耿慧娟, 马冬梅, 贺生云, 等. 银川市宝湖国家级城市湿地公园规划设计[J]. 湿地科学与管理, 2012, （8）3: 9-11.

[41]杨倩. 湿地保护与可持续利用的国际经验借鉴[J]. 环境与可持续发展, 2012（37）: 44-47.

[42]胡亚楠, 车代弟. 基于景观空间视觉感受的城市湿地植物景观营造[J]. 中国园艺文摘, 2014（4）: 163-164.

[43]孟瑾, 陈良. 湿地的生态修复与景观营造: 山东临朐弥河湿地公园规划设计[J]. 安徽农业科学, 2011（39）: 7918-7919.

[44]黄群芳. 基于景观生态学的天目湖湿地公园规划[D]. 南京: 南京大学, 2005.

[45]芦建国, 徐新洲. 城市湿地植物景观设计——以杭州西溪湿地公园、西湖西进湿地为例[J]. 林业科技开发, 2007（21）: 109-112.

[46]邓志平, 俞青青, 朱炜, 等. 生态恢复在城市湿地公园植物景观营造中的应用——以西溪国家湿地公园为例[J]. 西北林学院学报, 2009, 24（26）: 162-165.

[47]杨姿新. 湛江绿塘河湿地公园植物配置研究[J]. 广东园林, 2007（29）: 67-71.

[48]陈熊婉君. 城市湿地公园景观色彩应用研究[D]. 西安: 长安大学, 2015.

[49]陈述. 城市湿地公园景观 VI 设计研究[D]. 长沙: 中南林业科技大学, 2015.

[50]耿雪, 黄雨萌, 钱铮, 等. 可持续发展下的湿地景观建筑设计[J]. 中国房地产业, 2016(10): 1002-8536.

[51]袁悦鸣. 中国城市湿地公园园林小品设计浅析[D]. 南京: 南京林业大学, 2010.

[52]孙新旺. 生态、节约与传承: 城市湿地公园规划设计中的乡土景观元素[J]. 南京林业大学学报(人文社会科学版), 2009(9): 105-109.

[53]朱磊, 黄发祥. 城市湿地公园规划设计中地域特色塑造方法探讨[J]. 华东森林经理, 2010(24): 58-61.

[54]于程. 基于地域文化的城市湿地公园规划设计研究[D]. 哈尔滨: 东北农业大学, 2013.

[55]黄发祥. 中国城市湿地公园地域特色塑造[D]. 南京: 南京林业大学, 2007.

[56]吴后建, 但新球, 王隆富, 等. 我国湿地公园建设的回顾与展望[J]. 林业资源管理, 2016(2): 39-44.

[57]李伟, 崔丽娟, 赵欣胜, 等. 湿地公园建设中的湿地保护与恢复措施[J]. 湿地科学与管理, 2014(10): 13-16.

[58]陈克林. 湿地公园建设管理问题的探讨[J]. 湿地科学, 2005(3): 298-301.

[59]雷昆. 对我国湿地公园建设发展的思考[J]. 林业资源管理, 2005(2): 23-26.

[60]王胜永. 城市湿地公园分类与营建模式研究[D]. 南京: 南京林业大学, 2008.

[61]李玉凤, 刘红玉. 湿地分类和湿地景观分类研究进展[J]. 湿地科学, 2014(1): 104-110.

[62]程乾, 吴秀菊. 杭州西溪国家湿地公园1993年以来景观演变及其驱动力分析[J]. 应用生态学报, 2006(17): 1677-1683.

[63]张毅川, 乔丽芳, 陈亮明. 城市湿地公园景观建设研究[J]. 重庆建筑大学学报, 2006(28): 18-23.

[64]谢志茹, 罗德利, 张景春, 等. 基于RS与GIS技术的北京城市公园湿地景观格局研究[J]. 国土资源遥感, 2004(16): 61-64.

[65]孙志强, 施心路, 徐琳琳, 等. 景观湿地夏季原生动物群落结构与水质关系[J]. 水生生物学报, 2013, 37(2): 290-299.

[66]王立龙, 晋秀龙, 陆林. 旅游扰动下湿地公园植物多样性研究进展[J]. 生态科学, 2015, 34(6): 177-181.

[67]孟祥庄, 管晓舒. 龙凤湿地公园景观廊道规划设计探讨[J]. 低温建筑技术, 2014, 36(3): 33-34.

[68]彭文丹. 城市湿地公园景观安全性设计探讨[D]. 南昌: 江西农业大学, 2014.

[69]章仲楚, 张秀英, 邓劲松, 等. 基于RS和GIS的西溪湿地景观格局变化研究[J]. 浙江林业科技, 2007(27): 38-41.

[70]张绪良, 王树德. GIS湿地生态环境监测与管理信息系统的建设与应用[J]. 中国农学通报, 2010, 26(13): 129-133.

[71]李睿, 戎良. 杭州西溪国家湿地公园生态旅游环境容量[J]. 应用生态学报, 2007, 18(10): 2301-2307.

[72]宋珂, 樊正球, 信欣, 等. 长治湿地公园生态旅游环境容量研究[J]. 复旦学报(自然科学版), 2011(5): 576-582.

[73]陈久和. 杭州西溪国家湿地公园生态旅游景观绿色设计[J]. 地域研究与开发, 2006, 25(5): 72-76.

[74]宋春玲, 全晓虎. 宁夏回族自治区湿地生态旅游可持续开发研究[J]. 湿地科学, 2007, 25(5): 174-180.

[75]郑国全. 湿地公园生态旅游环境容量测评研究: 以下渚湖国家湿地公园为例[J]. 内蒙古农业大学学报(自然科学版), 2011, 32(3): 39-45.

[76]徐燕, 张忠富. 国家城市湿地公园旅游者行为特征分析——以贵阳市花溪十里河滩湿地公园为例[J]. 安徽农业科学, 2015(43): 243-246.

[77]邓阿岚. 湿地公园体验型旅游活动设计——以昆明滇池五甲塘湿地公园为例[J]. 资源开发与市场, 2009(25): 574-576.

[78]陈海生. 浙江省云和梯田湿地公园旅游设施规划研究[J]. 安徽农学通报, 2014(20): 125-138.

[79]彭腾腾. 湿地公园旅游设施建设发展趋势[J]. 当代旅游(中旬刊), 2013(10): 61.

[80]薛有才. 基于AHP的杭州西溪国家湿地公园旅游资源评价[J]. 浙江科技学院学报, 2012(24): 86-93.

[81]刘小莉. 返湾湖国家湿地公园生态旅游资源开发研究[J]. 湖北大学学报(自然科学版), 2012(34): 243-248.

[82]唐娜, 崔保山, 赵欣胜, 等. 黄河三角洲芦苇湿地的恢复[J]. 生态学报, 2006(26): 2616-2624.

[83]全晓虎. 银川平原湿地生态系统保护、恢复与利用初步研究——以银川阅海湿地公园为例[J]. 水土保持研究, 2007(14): 67-69.

[84]孙毅, 郭建斌. 湿地生态系统修复理论及技术[J]. 内蒙古林业科技, 2007, 33(3): 33-35.

[85]李伟, 崔丽娟, 赵欣胜, 等. 北京翠湖湿地生境恢复及效果评估[J]. 湿地科学与管理, 2013(9): 17-21.

[86]袁兴中, 陆健健. 长江口岛屿湿地的底栖动物资源研究[J]. 自然资源学报, 2001, 16(1): 37-42.

[87]董志龙, 刘娟. 富营养化浅水湖泊修复探讨: 以巢湖水环境修复为例[J]. 甘肃科技 2008, 24(21): 102-104.

[88]李旭东, 何小娟. 扎龙湿地水污染及其治理[J]. 水文地质工程地质 2002, 29(6): 42-44.

[89]肖笃宁, 裴铁凡, 赵羿. 辽河三角洲湿地景观的水文调节与防洪功能[J]. 湿地科学, 2003, 1(1): 21-25.

[90]唐铭. 西北地区城市湿地公园评价体系研究: 以兰州银滩湿地公园为例[J]. 山东农业大学学报(自然科学版), 2010, 41(1): 80-86.

[91]石轲, 刘红玉, 王翠晓. 城市湿地公园评价指标体系初探[J]. 安徽农业科学杂志, 2007(35): 7465-7467.

[92]骆林川, 杨德礼, 马军. 基于层次分析法的城市湿地公园模糊评价分析[J]. 科技与管理, 2008, 10(4): 18-22.

[93]魏圆云, 崔丽娟, 张曼胤, 等. 基于生态系统服务价值的湿地恢复工程效益分析: 以北京市延庆县蔡家河为例[J]. 生态学报, 2015(35): 4287-4294.

[94]任丽燕, 吴次芳. 西溪国家湿地公园生态经济效益能值分析[J]. 生态学报, 2009(29): 1285-1291.

[95]侯跃, 乔敬雅. 哈尔滨群力湿地公园社会效益评价[J]. 中国园艺文摘, 2013(29): 105-106.

[96]张晓云, 吕宪国. 湿地生态系统服务价值评价研究综述[J]. 林业资源管理, 2006(5): 81-86.

[97]崔保山, 杨志峰. 湿地生态系统健康评价指标体系 I. 理论 [J]. 生态学报, 2002(22): 1005-1011.

[98]张峥, 刘爽, 朱琳, 等. 湿地生物多样性评价研究——以天津古海岸与湿地自然保护区为例[J]. 中国生态农业学, 2002, 10(1): 76-113.

[99]张峥, 朱琳. 我国湿地生态质量评价方法的研究[J]. 中国环境科学, 2000(21): 55-58.

[100]张娜, 尹怀庭. 自然风景区控制性规划初探[J]. 人文地理, 2006(3): 48-52.

[101]王兴中, 高万辉, 杨晓俊, 等. 古城镇旅游控规的控制指标体系及技术规范探讨[J]. 西北大学学报(自然科学版), 2006, 36(3): 467-472.

[102]霍诗雅, 肖玲, 陈丽明. 国家森林公园控制性详细规划初探——以南澳黄花山国家森林公园为例[J]. 规划设计, 2008, 24(2): 39-41.

[103]林超利, 张兆干, 张建新, 等. 游客行为导向的风景区控制性详细规划初探——以西双版纳孔明山景区为例[J]. 河南科学, 2009(11): 1473-1478.

[104]于敬. 千岛湖旅游度假区控制性详细规划的编制研究[D]. 杭州: 浙江大学, 2010.

[105]陈燕秋. 滨海旅游度假区控制性详细规划的指标体系研究[D]. 北京: 中国城市规划设计研究院, 2008.

[106]余存勇. 山地旅游度假区规划控制研究[D]. 重庆: 重庆大学, 2009.

[107]宋晓杰. 风景名胜区控制性详细规划研究[D]. 武汉: 华中科技大学, 2011.

[108]代秀龙. 风景名胜区控制性详细规划控制要素研究[D]. 武汉: 华中科技大学, 2011.

[109]高鹏飞, 车晓敏. 城市湿地公园控制性详细规划控制要素与指标体系构建——以西安浐灞国家湿地公园为例[J]. 城市建筑, 2014(14): 18-19.

[110]尹燕妮. 城市湿地公园规划设计的关键控制指标研究[D]. 武汉: 华中农业大学, 2016.

[111]国务院环境保护领导小组办公室. 世界自然资源保护大纲[M]. 超星电子图书, 1982.

[112]世界环境与发展编委会. 我们共同的未来[M]. 长春: 吉林人民出版社, 1997.

[113]杨京平. 环境与可持续发展科学导论[M]. 北京: 中国环境出版社, 2014.

[114]曾维华, 王华东, 薛纪渝, 等. 环境承载力理论及其在湄洲湾污染控制规划中的应用[J]. 中国环境科学, 1998, 18(S1):

71-74.

[115]曾维华, 王华东, 薛纪渝, 等. 人口、资源与环境协调发展关键问题之一——环境承载力研究[J]. 中国人口·资源与环境, 1991(2): 33-37.

[116]高吉喜. 可持续发展理论探索——生态承载力理论、方法与应用[M]. 北京: 中国环境科学出版社, 2002.

[117]邬建国. 景观生态学——概念与理论[J]. 生态学杂志, 2000(1): 42-52.

[118]张娜. 景观生态学[M]. 北京: 科学出版社, 2014.

[119]郭晋平, 周志翔. 景观生态学[M]. 北京: 中国林业出版社, 2007.

[120]董世魁. 恢复生态学[M]. 北京: 高等教育出版社, 2009.

[121]Cairns J J. The recovery process in damaged ecosystems[J]. Journal of Ecology, 1980, 69(3): 1062.

[122]孙书存, 包维楷. 恢复生态学[M]. 北京: 化学工业出版社, 2005.

[123]Pual A B, Tomas C G, Jeffery D F, et al. Environmental. Psychology[M]. 2009.

[124]刘滨盛. 风景景观工程体系化[M]. 北京: 中国建锐工业出版化, 1991.

[125]张国斌. 综合客运枢纽站前广场行人交通行为及微观仿真研究[D]. 北京: 北京交通大学, 2009.

[126]摘自《中国绿色时报》. 第二次全国湿地资源调查结果公布[J]. 湿地科学与管理, 2014, (1).

[127]宋玉萍, 宋志利, 田大永, 等. 我国湿地保护现状及措施[J]. 绿色科技, 2010(11): 125-127.

[128]潘竟虎, 张建辉. 中国国家湿地公园空间分布特征与可接近性[J]. 生态学杂志, 2014, 33(5): 1359-1367.

[129]马广仁. 中国湿地公园建设研究[M]. 北京: 中国林业出版社, 2016.

[130]但新球, 但维宇, 余本锋. 湿地公园规划设计[M]. 北京: 中国林业出版社, 2014.

[131]崔丽娟, 王义飞, 张曼胤, 等. 国家湿地公园建设规范探讨[J]. 林业资源管理, 2009(2): 17-20, 27.

[132]陆林, 陈振, 黄剑锋, 等. 基于协同理论的旅游综合体演化过程与机制研究——以杭州西溪 国家湿地公园为例[J]. 地理科学, 2017, 37(4): 481-491.

[133]杨锐. 美国国家公园规划体系评述[J]. 中国园林, 2003, 19(1): 44-47.

[134]曹芳芳, 李雪, 王东, 等. 新安江流域土地利用结构对水质的影响[J]. 环境科学, 2013, 34(7): 2582-2587.

[135]黄金良, 李青生, 洪华生, 等. 九龙江流域土地利用/景观格局-水质的初步关联分析[J]. 环境科学, 2011, 32(1): 64-72.

[136]王娟, 张飞, 张月, 等. 艾比湖区域水质空间分布特征及其与土地利用/覆被类型的关系[J]. 生态学报, 2016, 36(24): 7971-7980.

[137]杨朝辉, 冯育青, 苏群, 等. 基于CIWLDI 方法的苏州湿地景观健康评价[J]. 湿地管理, 2016, 3(12): 16-20.

[138]张型东. 鄱阳湖生态系统空间结构与湿地功能分析及稳定性评价[D]. 南昌: 南昌大学, 2016.

[139]汪建文, 王季槐, 吴纪华. 国家城市湿地公园景观格局分析——以贵阳市花溪城市湿地公园为例[J]. 贵州科学, 2013, 31(6): 80-84.

[140]Brown M T, Vivas M B. Landscape development intensity index [J]. Environmental Monitoring and Assessment, 2005, 101(1/3): 289-309.

[141]Chen T, Lin H. Development of a framework for landscape assessment of Taiwanese wetlands[J]. Ecological Indicators, 2013(25): 121-132.

[142]梁耀元, 陈小奎, 李洪远, 等. 韩国城市河流生态恢复的案例与经验[J]. 水资源保护, 2010, 26(6): 93-96.

[143]王淑平. 国外多途径生态恢复40 案例解析[J]. 城市环境与城市生态, 2010(2): 30-30.

[144]孙化蓉. 沙家浜湿地保护、恢复规划与探索[J]. 湿地科学与管理, 2011, 12(7): 11-14.

[145]2014 ASLA Le Petit Chalet[EB/OL]. [2015-01-04]. http://www.gooood.hk/le-petit-chalet.htm.

[146]Manning R E. Impacts of picnic grounds in public forest parks[J]. Journal of Forestry, 1979, 43: 121-127.

[147]洛林·LaB·施瓦茨, 弗林克, 西恩斯, 等. 绿道规划·设计·开发[M]. 北京: 中国建筑工业出版社, 2009.

[148]北京市园林局. 公园设计规范[M]. 北京: 中国建筑工业出版社, 1993.

[149]中华人民共和国住房和城乡建设部. 城市湿地公园规划设计导则(建办城[2017]63 号)[Z]2017.

[150]中华人民共和国建设部. 风景名胜区规划规范(GB 50298—1999)[S]. 北京: 中国建筑工业出版社, 1999.

[151]Chen X X, Jia K B. Application of three-dimensional quantized color histogram in color image retrieval[J]. Comput. Appl. Softw, 2012, 29(9): 31-32.

[152]Morfeld M, Petersen C, Krügerbödeker A, et al. The assessment of mood at workplace-psychometric analyses of the revised Profile of Mood States (POMS) questionnaire[J]. Psycho-social medicine, 2007, 4.

[153]李映发. 岷江与都江堰对成都平原生存环境的影响——从历史考察的角度[J]. 西华大学学报(哲学社会科学版), 2013, 32(2): 13-17.

[154]刘尚忠. 成都平原水患治理方向的探讨[J]. 四川地质学报, 1990(2): 127-131.

# 彩　图

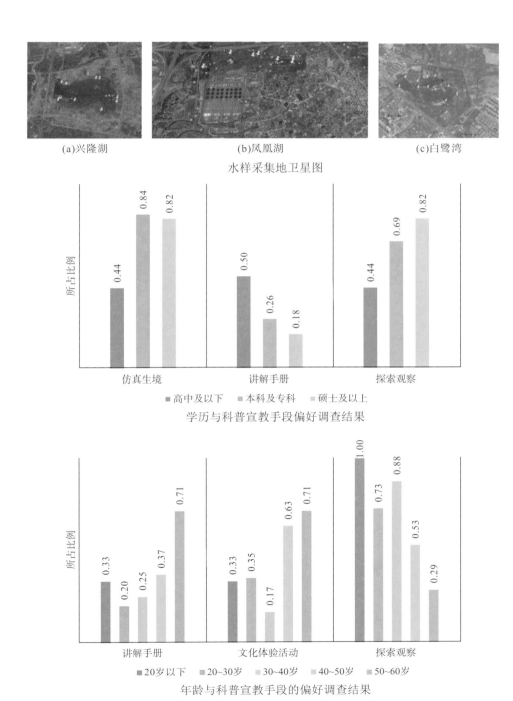

(a)兴隆湖　　　　　　　(b)凤凰湖　　　　　　　(c)白鹭湾

水样采集地卫星图

■ 高中及以下　■ 本科及专科　■ 硕士及以上

学历与科普宣教手段偏好调查结果

■ 20岁以下　■ 20~30岁　■ 30~40岁　■ 40~50岁　■ 50~60岁

年龄与科普宣教手段的偏好调查结果

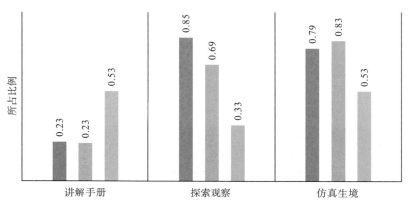

常住地与科普宣教手段偏好调查结果

核心区域地形分析

核心区域内部水文状况

核心区域土地覆被类型

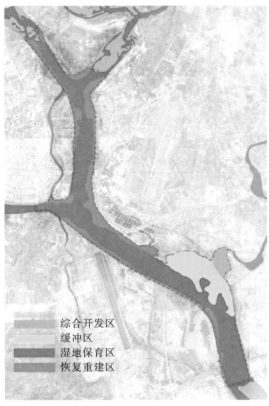

新津白鹤滩国家湿地公园用地布局

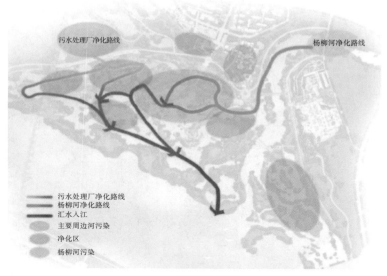

水质净化路线

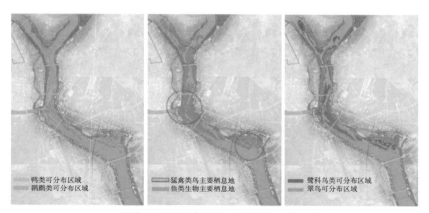

新津白鹤滩国家湿地公园野生动物的分布

核心区功能分区详情

自然生态景观段
人文生态景观段
社会生态景观段

景观风貌分区控制